机器自动化：
工业机器人及其关键技术研究

李素云　著

中国原子能出版社

图书在版编目(CIP)数据

机器自动化 :工业机器人及其关键技术研究 / 李素云著. -- 北京 :中国原子能出版社, 2018.3

ISBN 978-7-5022-8910-2

Ⅰ. ①机… Ⅱ. ①李… Ⅲ. ①工业机器人一研究 Ⅳ. ①TP242.2

中国版本图书馆 CIP 数据核字(2018)第 048515 号

内容简介

工业时代的核心技术是工业自动化,工业机器人是实现自动化的一个手段。本书较为全面、深入地对工业机器人的相关技术展开了讨论,注重理论联系实际,并尽量反映国内外近年来在机器人理论研究和生产应用方面的最新成果。本书主要内容包括:工业机器人的机械结构、工业机器人的感知技术、工业机器人的控制技术、工业机器人的编程技术、工业机器人工作站及生产线、工业机器人的管理与维护、工业机器人技术的新发展等。本书内容丰富翔实,具有较高的实用价值,是一本值得学习研究的著作。

机器自动化 :工业机器人及其关键技术研究

出版发行　中国原子能出版社(北京市海淀区阜成路 43 号　100048)
责任编辑　张　琳
责任校对　冯莲凤
印　　刷　北京亚吉飞数码科技有限公司
经　　销　全国新华书店
开　　本　787mm×1092mm　1/16
印　　张　17
字　　数　220 千字
版　　次　2018 年 5 月第 1 版　2024 年 9 月第 2 次印刷
书　　号　ISBN 978-7-5022-8910-2　　定　价　60.00 元

网址:http://www.aep.com.cn　　E-mail:atomep123@126.com
发行电话:010－68452845

前 言

工业机器人是集机械、电子、控制、计算机、传感器、人工智能等多学科先进技术于一体的现代制造业重要的自动化装备。自1954年由美国研制出世界上第1台可编程的机器人以来，各工业发达国家都相继研制和应用工业机器人，机器人技术及其产品得到飞速发展，已成为柔性制造系统（FMS）、自动化工厂（FA）、计算机集成制造系统（CIMS）的重要工具。在当今大规模制造业中，企业为保障人身安全、提高生产效率和产品质量，普遍重视生产过程的自动化程度。工业机器人作为自动化生产线上的重要成员，逐渐被企业所认同并采用。

与计算机、网络技术一样，工业机器人的广泛应用正在日益改变着人类的生产和生活方式。工业机器人的技术水平和应用程度已成为评价一个国家自动化程度高低的重要标志之一。目前，工业机器人主要承担焊接、喷涂、搬运以及码垛等重复且劳动强度极大的工作，工作方式一般采取示教再现方式及部分离线编程方式。随着《中国制造2025》规划的落实与推进，工业机器人的应用将越来越广泛，需求越来越大，其技术研究与发展越来越深入，这将极大地提高社会生产效率，提升工业产品质量，为社会创造巨大的财富。

随着产业结构的调整，国内机器人产业已表现出爆发性的发展态势，而机器人需要操作、编程、调试和维护等，这带来了对安全和熟练使用工业机器人的作业人员的大量需求。目前国内关于工业机器人方面的专著不少，但大多偏重于理论，对实际操作指导意义不大。机器人生产厂商提供的培训往往只求让设备动起来，难以取得系统而实用的培训效果。因此，本书在撰写时更加注重理论与实践操作相结合，依据学习者的认知规律，侧重工业机器人的技术要点，通过相关典型实例讲解，使读者快速掌握工业机器人的基本操作和行业应用，实现理论和实践的有机结合。

全书共分为 8 章。第 1 章为走近工业机器人，第 2 章为工业机器人的机械结构，第 3 章为工业机器人的感知技术，第 4 章为工业机器人的控制技术，第 5 章为工业机器人的编程技术，第 6 章为工业机器人工作站及生产线，第 7 章为工业机器人的管理与维护，第 8 章为工业机器人技术的新发展。

本书在撰写过程中以作者在工业机器人方面的研究工作为基础，参考并引用了国内外专家学者的研究成果和论述，在此向相关内容的原作者表示诚挚的敬意和谢意。

由于作者水平有限，加之时间仓促，错误和遗漏在所难免，恳请读者批评指正。

作　者

2017 年 11 月

目 录

第 1 章　走近工业机器人

一直以来，工业生产对机械化的要求在不断提升，正是由于机器人的诞生，工业生产的理想化模型也成为现实。在今天，机器人已经逐步应用于社会生产中，相信机器人的作用会越来越大。

1.1　发展工业机器人的意义

工业机器人最早应用于汽车生产领域，随后，日本、德国、美国等制造业发达国家开始在其他行业的工业生产中也大量采用机器人作业。进入 21 世纪以来，随着劳动力成本的不断提高和技术的不断进步，各国开始陆续进行制造业的转型与升级，出现了机器人替代人的热潮。

使用工业机器人进行生产具有 9 大优势，如图 1-1 所示。除了降低成本，使用机器人进行工业生产还具有显著提高生产效率、提高良品率、保证产品品质、增强生产柔性等一系列优势。

①工业机器人能够做某些单调、重复的体力劳动，大大地消除了枯燥无味的工作，降低工人的劳动强度。

②工业机器人可以广泛用于高危险、极端恶劣的环境下作业。

③工业机器人能够完成对人体有害的物料的搬运或工艺操作，增强工作场所的健康安全性，并能从事特殊环境下的劳动，减少劳资纠纷。

④工业机器人能够提高生产自动化程度，减少工艺过程中的

停顿时间,从而提升生产效率。

⑤工业机器人能够提高对零部件的处理能力,保证产品质量,提高成品率,并提升产品的质量,是企业补充和替代劳动力的有效方案。

⑥工业机器人有助于提高自动化生产效率,调整生产能力,实现柔性制造。

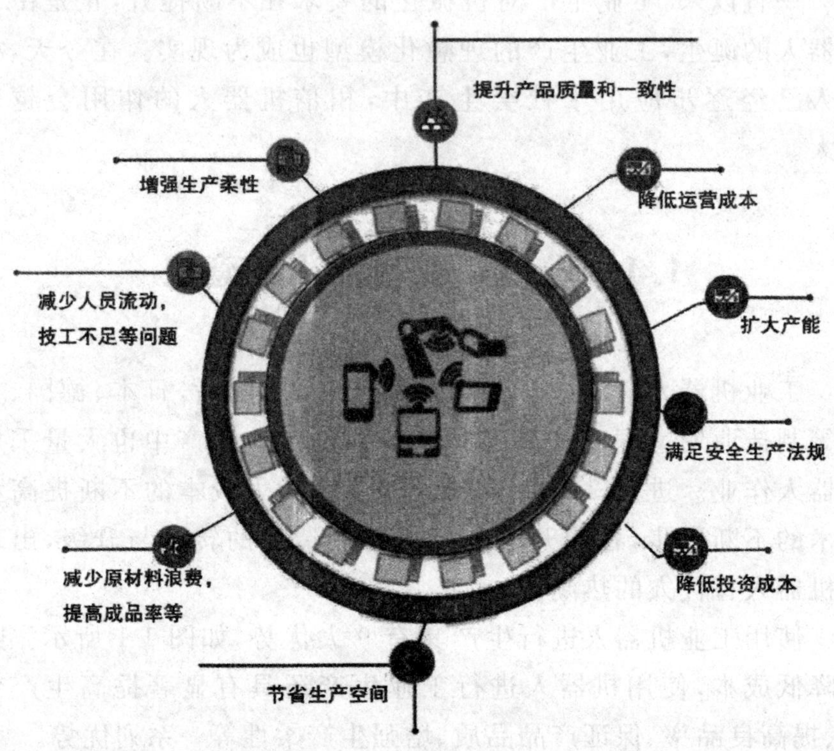

图 1-1 工业机器人的 9 大优势

1.2 工业机器人的历史发展

“工业机器人”的设想最早来自美国人乔治·德沃尔关于示教机器人的专利——通过示教(Teaching)与再现(Playback)能够取放物品(Putandtake)的机械。这种机器人灵活多变,能够按照不同的指令完成不同的动作。

基于这一专利，1958年美国 Consolideted Control 公司成功研制出世界上第一台数控机器人原型机——Automatic Programmed Apparatus，四年之后，美国 Unimation 公司和 AMF 公司都推出了示教再现机器人的样机，表1-1反映了机器人发展的重要节点。

20世纪60年代日本国内经济高速增长，劳动力出现严重不足，日本的企业将目光瞄准了工业机器人，在1967年日本从美国引进了一批示教再现机器人，从此日本拉开了研发和量产工业机器人的序幕。

工业机器人能够代替人类在一些高危环境、高污染地区从事简单、重复的工作，从而提高效率，降低安全隐患，确保高质量地完成任务，因此受到制造业领域的广泛采用。

表1-1 工业机器人大事记

时间/年	机器人发展历程
1954	美国乔治·德沃尔获得示教再现的专利
1958	美国 Consolideted Control 公司研发并制造了世界上第一台数控机器人原型机
1960	美国 Unimation 公司实现了示教机器人的量产化
1962	美国 Unimation 公司开始将示教机器人作为工业产品出售
1962	美国 AMF 公司开始销售示教再现机器人
1968	日本开始大量生产机器人
1970	美国举办首届机器人峰会
1972	日本成立工业机器人联合会
1973	早稻田大学开发出类人机器人 WABOT-1
1973	瑞典 ASEA 公司研发出有关节的电动机器人
1974	日本举办了首届国际机器人会展
1980	日本机器人出现普及，这一年称之为“机器人元年”
1983	日本机器人学会成立
1987	国际机器人联盟(IFR)成立

通常认为，工业机器人在 20 世纪 70 年代开始“量产化”，80 年代机器人开始普及，由此诞生了柔性旨在系统（FMS）和工厂自动化（FA）等新型工业生产系统。从此传统的大规模生产逐渐转变为中批量中种类、小批量多种类的生产。正是由于工业机器人更为广泛的用途，机器人的产业得到了迅速地发展。

因此，在 2000 年以前，工业机器人的应用有着明确的目的，那就是在工厂车间的危险环境下替代人来工作。

随着中央处理器等许多核心零部件体积更小、价格更低、性能更高、可靠性更强、存储量更大，机器人本身的控制性越来越高、可靠性越来越强，价格也越来越低。工业机器人有望在制造业各领域得到广泛普及。

1.3 工业机器人的定义及特点

1. 机器人的定义

1920 年，捷克剧作家卡雷尔·卡佩克发表了科幻剧本《罗萨姆的万能机器人》，他在剧本中首次提出了“robot”这个词，并且把 robot 描绘成像人一样的机器，不知疲倦地工作。从此以后，不仅 robot 这个词广泛地流行，而且设计制造 robot 的活动也异常风行。日本研究人员依据自身理解将 robot 翻译成日文“机器人”，中文也采用了这个词，这种翻译结果至今持续影响着很多人对 robot 的理解和研究方向的选择。

初期人们一般的理解，机器人是具有一些类似人的功能的机械电子装置或者自动化装置，它仍然是个机器，特点是具有感知功能、执行功能、可编程功能。随着人工智能技术的发展，作为人造的机器或者机械电子装置机器人演变成了能够自主感知环境、自主逻辑判断、自主控制执行和自主学习的机器，甚至是具有自我情感意识的机器。如图 1-2 所示为拉小提琴的机器人。

图 1-2　拉小提琴的机器人

与生物进化的历程相比，机器人在不同领域的出色表现以及人性化的快速发展引起了一些人的担心，人们担心机器人的智能化是否会超越人类，甚至危害或统治人类。例如，1978 年 9 月 6 日，日本广岛一间工厂的切割机器人在切割钢板时，突然将一名值班工人当作钢板，切成肉片，这一惨案成为世界上第一宗机器人杀人事件。南非试验的机器人火炮曾突然将炮口转向无辜的人群，引起了军事科研人员的恐慌。人们有理由怀疑，随着科技的发展和机器人功能的日益强大，它们可能会对人类造成威胁。

为了避免类似的机器人伤害人类事件的发生，著名作家阿西莫夫在 1940 年提出了“机器人三原则”，即著名的“阿西莫夫机器人定律”。

(1)机器人不得伤害人类，或看到人类受到伤害而袖手旁观。

(2)在不违反第一定律的前提下，机器人必须绝对听从于人类的命令。

(3)在不违反第一定律和第二定律的前提下，机器人必须尽力保护自己。

这是给机器人赋予的伦理性纲领，机器人学术界一直将这三原则作为机器人开发的准则。但是作者认为：①实际情况是该理想无法得到遵守,21 世纪以来以美国为首的发达国家积极推动空中战斗无人机、地面无人战斗平台、水中无人攻击舰艇,从海陆空各个层面全面突破了这一伦理底线,因此目前停留在担心层面已经没有意义,有远见的人们要大力发展和提高对机器人技术的掌控能力,唯有不断的创新才能保证人类自身的安全。②目前与其说大家担心机器人的潜在威胁,还不如说大家担心的是其中的人工智能技术,包括科学家霍金在内的人其实是对人类能否驾驭人工智能技术缺乏信心,因此真正需要审慎的是人工智能技术的发展与运用。

2. 智能机器人的定义

人们通常将智能机器人理解为一个独立的可以自我控制的"活物"。其实机器人这个"活物"远没有人体这样灵活和微妙。智能机器人具备多种传感器,如具备视觉、听觉、触觉和嗅觉等感受器还具有效应器,作为应用于周围环境的手段,这些"筋肉"能使手、脚、长鼻子、触角等动起来。

智能机器人最大的特点是它具有独立的"思考"能力,它能够理解人类的语言,同操作者直接对话,它从自我的"意识"中获取了能够使它独立生存的外界环境——实际情况详尽模式。它能够及时了解内外环境,快速制订出动作计划。并在信息条件不充足且外界环境快速变化的条件之下完成相应的动作。当然要像人类一样应对各种复杂问题是不可能的。一些科学家试图通过计算机所能理解的方式,培养机器人的思维,并通过自我学习提高其智力水平,从而实现真正的机器智能。

根据目前的技术进展和研究理解,智能机器人是能够自主感知环境、自主逻辑判断、自主控制执行和自主学习的机器,服务于直接和间接掌控智能机器人技术的人群,即使未来可能被赋予一定的自我意识和情感意识,可以自我复制、自我修复,它仍然只能活动在不断进化、不断创新的人类影子中,脱离人类控制实现自我进化仍然是难以想象的事情。

1.4 工业机器人的基本组成及技术参数

1.4.1 工业机器人的基本组成

组成工业机器人是一种模拟人手臂、手腕和手功能的机电一体化装置。一台通用的工业机器人从体系结构来看,可以分为三大部分:机器人本体、控制器与控制系统以及示教器,具体结构如图1-3所示。

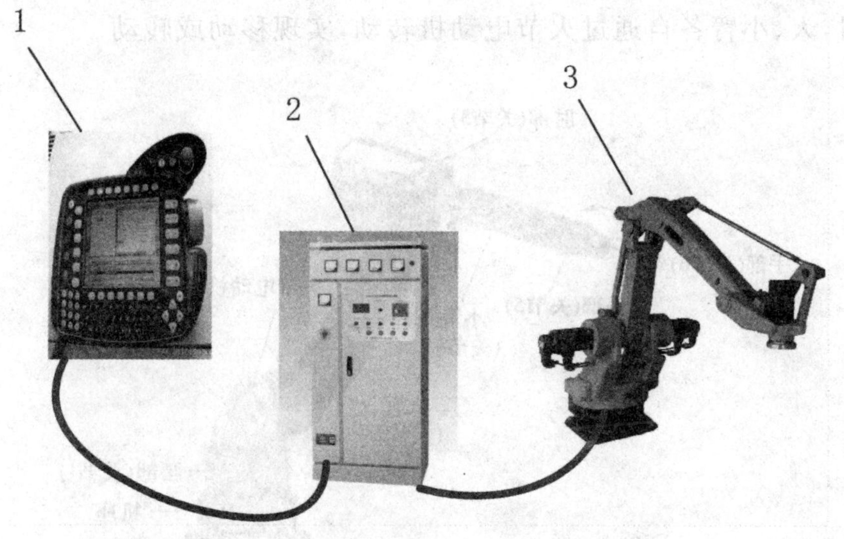

图1-3 工业机器人的基本组成

1—示教器;2—控制器;3—机器人本体

1. 机器人本体

机器人本体是工业机器人的机械主体,是完成各种作业的执行机构。一般包含互相连接的机械臂、驱动与传动装置以及各种内外部传感器。工作时通过末端执行器实现机器人对工作目标的动作。

(1)机械臂

大部分工业机器人为关节型机器人，关节型机器人的机械臂是由若干个机械关节连接在一起的集合体。图 1-4 所示为典型六关节工业机器人，由机座、腰部（关节 1)、大臂（关节 2)、肘部（关节 3)、小臂（关节 4)、腕部（关节 5)和手部（关节 6)构成。

①机座。机座是机器人的支承部分，内部安装有机器人的执行机构和驱动装置。

②腰部。腰部是连接机器人机座和大臂的中间支承部分。工作时，腰部可以通过关节 1 在机座上转动。

③臂部。六关节机器人的臂部一般由大臂和小臂构成，大臂通过关节 2 与腰部相连，小臂通过肘关节 3 与大臂相连。工作时，人、小臂各自通过火节电动机转动，实现移动或转动。

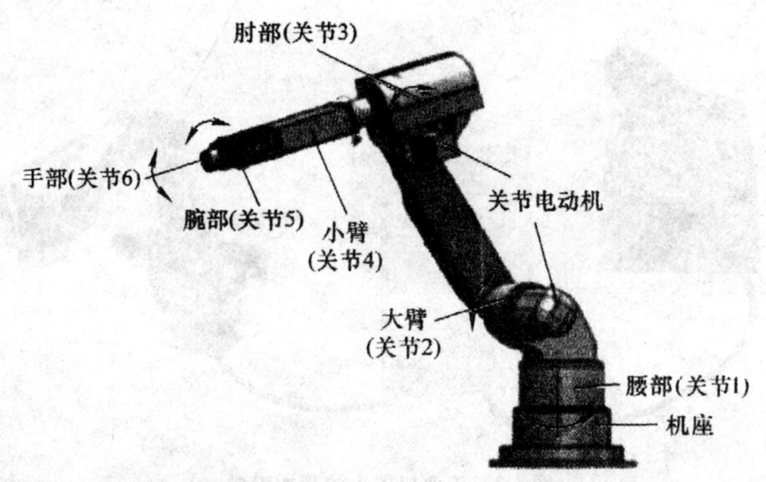

图 1-4　典型六关节工业机器人

④手腕。手腕包括手部和腕部，是连接小臂和末端执行器的部分，主要用于改变末端执行器的空间位置，联合机器人的所有关节实现机器人预期的动作和状态。

(2)驱动与传动装置

工业机器人的机座、腰部关节、大臂关节、肘部关节、小臂关节、腕部关节和手部关节构成了机器人的外部结构或机械结构。

机器人运动时，每个关节的运动通过驱动装置和传动机构实现。图 1-5 所示为机器人运动关节的组成，要构成多关节机器人，其每个关节的驱动及传动装置缺一不可。

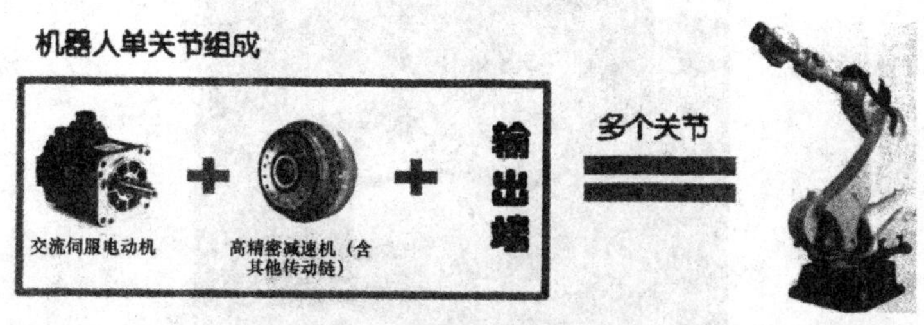

图 1-5　机器人运动关节的组成

驱动装置是给机器人机械臂提供动力和运动的装置，机器人的类型不同，所采用的驱动装置也不同，驱动的传动方式也不相同。目前常见的驱动方式主要有四种，分别是液压式驱动装置、气压式驱动装置、电力式驱动装置和机械式驱动装置。工业上比较常用的是电力驱动，其特点是使用方便、响应快、驱动力大、操作灵活。最为常用的驱动电动机是步进电动机和伺服电动机。与电动机配合使用的减速器一般采用谐波减速器、摆线针轮减速器或者行星轮减速器。

(3)传感器

为检测作业对象及工作环境，在工业机器人身上安装诸如触觉、力觉、视觉传感器。有这些装备，机器人可以适应复杂多变的环境，能够完成更为复杂的工作。

2. 控制器及控制系统

控制系统是构成工业机器人的神经中枢，由计算机硬件、软件和一些专用电路、控制器、驱动器等构成。工作时，根据编写的指令以及传感信息控制机器人本体完成一定的动作或路径，主要用于处理机器人工作的全部信息。控制柜内部结构如图 1-6 所示。

图 1-6　控制柜内部结构

为实现对机器人的控制,除计算机硬件系统外,还必须有相应的软件控制系统。通过软件控制系统的支持,可以方便地建立、编辑机器人控制程序。目前,世界各大机器人公司都有自己完善的软件控制系统。

3. 示教器

示教器是人机交互的一个接口,也称示教盒或示教编程器,主要由液晶屏和可供触摸的操作按键组成。操作时由控制者手持设备,通过按键将需要控制的全部信息通过与控制器连接的电缆送入控制柜的存储器中,实现对机器人的控制。示教器是机器人控制系统的重要组成部分,操作者可以通过示教器进行手动示教,控制机器人到达不同位姿,并记录各个位姿点坐标;也可以利用机器人语言进行在线编程,实现程序回放,让机器人按编写好的程序完成轨迹运动。

示教器上设有用于对机器人进行示教和编程所需的操作键和按钮。一般情况下,不同机器人厂商示教器外观各不相同,但一般都包含中央的液晶显示区、功能按键区、急停按钮和出入线口。图1-7所示为某品牌机器人的示教器外观。

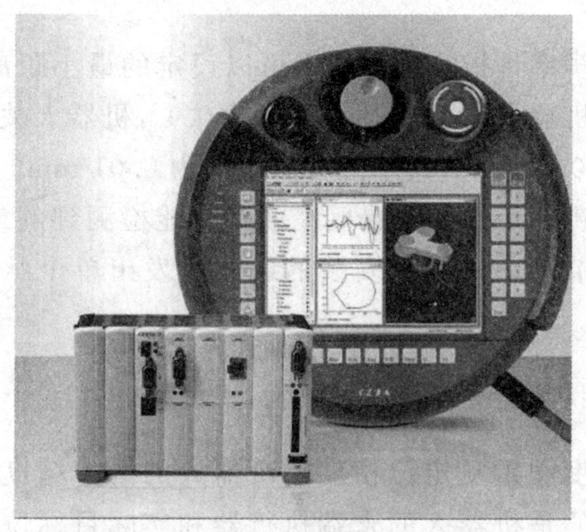

图1-7　某品牌机器人示教器外观

1.4.2　工业机器人的技术参数

虽然工业机器人的种类、用途不尽相同,但任一工业机器人都有其使用的作业范围和要求。目前,工业机器人的主要技术参数有以下几种:自由度、分辨率、定位精度和重复定位精度、作业范围、运动速度和承载能力。

1.自由度

自由度是指机器人所具有的独立坐标轴运动的数目,不包括末端执行器的开合自由度。一般情况下,机器人的一个自由度对应一个关节,所以自由度与关节的概念是等同的。自由度是表示机器人动作灵活程度的参数,自由度越多,机器人就越灵活,但结构也越复杂,控制难度越大,所以机器人的自由度要根据其用途设计,一般为3～6个。

2.分辨率

分辨率是指机器人每个关节所能实现的最小移动距离或最小转动角度。工业机器人的分辨率分为编程分辨率和控制分辨率两种。

编程分辨率是指控制程序中可以设定的最小距离，又称基准分辨率。当机器人某关节电动机转动 0.1°，机器人关节端点移动直线距离为 0.01 mm，其基准分辨率即为 0.01 mm。

控制分辨率是系统位置反馈回路所能检测到的最小位移，即与机器人关节电动机同轴安装的编码盘发出单个脉冲电动机转过的角度。

3.定位精度和重复定位精度

定位精度和重复定位精度是机器人的两个精度指标。所谓定位精度指的是机器人的末端执行器和实际目标位置之间的偏差，定位精度由机械误差、控制算法与系统分辨率等组成。通常的工业机器人的定位精度在(0.02～5)mm 范围。

所谓重复定位精度指的是在同一条件下重复相同的动作，这些结果的分散程度就代表了精度的数据。因为重复定位不受载重负荷的影响，所以采用重复定位精度作为衡量示教-再现的指标是最好不过的。

4.作业范围

所谓作业范围指的是机器人手臂末端所能达到的点的集合，也称之为机器人的工作区域。由于执行不同的任务所需要的末端执行器的形状各不相同，因此机器人的工作范围是指不安装末端执行器时的工作区域。作业范围不仅与机器人的各连杆尺寸有关，还受机器人的总体结构的影响。

机器人的作业范围十分重要，在选用机器人时，首先考虑机器人手臂能否触及任务点，这样才能圆满地完成任务。

5. 运动速度

运动速度影响机器人的工作效率和运动周期，它与机器人所提取的重力和位置精度均有密切的关系。运动速度提高，机器人所承受的动载荷增大，必将承受着加减速时较大的惯性力，从而影响机器人的工作平稳性和位置精度。就目前的技术水平而言，通用机器人的最大直线运动速度大多在 1 000 mm/s 以下，最大回转速度一般不超过 120°/s。

一般情况下，机器人的生产厂家会在技术参数中标明出厂机器人的最大运动速度。

6. 承载能力

承载能力是指机器人在作业范围内的任何位姿上所能承受的最大重量。承载能力不仅取决于负载的重量，而且与机器人运行的速度和加速度的大小和方向有关。根据承载能力的不同，工业机器人大致分为：

①微型机器人——承载能力为 1 N 以下。

②小型机器人——承载能力不超过 10^5 N。

③中型机器人——承载能力为 10^5～10^6 N。

④大型机器人——承载能力为 10^6～10^7 N。

⑤重型机器人——承载能力为 10^7 N 以上。

1.5　工业机器人的应用现状

工业机器人是最典型的机电一体化数字化装备，技术附加值很高，应用范围很广。据联合国欧洲经济委员会和国际机器人联合会的统计，从 20 世纪起，世界机器人产业一直保持着稳步增长的良好势头。机器人产品发展速度加快，年增长率平均在 10%左右。其中，亚洲机器人增长幅度最为突出，高达 43%。

我国的工业机器人从20世纪80年代“七五”科技攻关开始起步,在国家的支持下,目前已基本掌握了机器人操作机的设计制造技术、控制系统硬件和软件设计技术、运动学和轨迹规划技术,生产了部分机器人关键元器件,开发出喷漆、弧焊、点焊、装配、搬运等机器人;但总的来看,我国的工业机器人技术及其工程应用的水平与国外比还有一定的距离,如可靠性低于国外产品;机器人应用工程起步较晚,应用领域窄,生产线系统技术与国外比有差距;在应用规模上占全球已安装台数的比例较小。当前我国的机器人生产都是应用户的要求,“一个用户,一次设计”,品种规格多、批量小、零部件通用化程度低、供货周期长、成本高,而且质量、可靠性不稳定。

1.6 生产工业机器人的代表性企业

日本机器人企业占有的国际市场份额最多,产业链最齐全;欧洲紧随其后,但欧洲各国机器人厂商均有其独特的竞争优势,擅长某一类行业应用,注重某一子领域;美国机器人企业则更注重基础理论和前沿技术的开发。

近几十年来,随着工业机器人产业的发展,逐渐出现了一批具有影响力的工业机器人企业。包括:日本的FANUC(发那科)、Yaskawa(安川电机)、Kawasaki(川崎重工)、Fuji Transport Conveying(不二输送机),德国的KuKA(库卡),瑞典的ABB,美国的Adept Technology、Ame rican Robot、Emerson Industrjal Automation、S-T Robotics,意大利的COMAU,英国的AutoTeeh Robotics,加拿大的Jcd International Robotics,以色列的Robogroup Tek公司及奥地利的IGM公司等,如表1-2所示。

表1-2　世界工业机器人主要生产企业

国家	企业	主要产品	年产量
日本	FANUC(发那科)	数控系统;R-2000iA系列多功能智能机器人和Y4400LDiA高功率LD YAG激光机器人;清洗、搬运、点焊、弧焊、装配等175个品种的机器人	约1.6万台,年销售额达32亿美元
	Yaskawa(安川电机)	伺服电机;点焊、弧焊、喷涂、LCD玻璃板传输和半导体晶片传输等MOTOMAN系列机器人;"MOTOMANMPK/MPL"系列用于食品、药品及化妆品等行业小件产品的装箱及装载作业的机器人	1.5万台
	Kawasaki(川崎重工)	喷涂、弧焊、点焊、码垛以及大型、超大型通用机器人	—
	Fuji Transport Conveying(不二输送机)	"FUJI ACE"系列码垛机器人	总安装量达到1.1万台
德国	KUKA(库卡)	焊接、码垛、装配、清洁机器人等	近1万台
瑞典	ABB	电机、传动和电力电子产品等关键零部件;搬运、焊接、喷涂和特殊机器人	9 000台
美国	Adept Technology	Cobra SCARA机器人、Viper六轴机器人、Quattro并行机器人和Python线性模块	—
	S-T Robotics	R系列四轴、五轴铰接式机器人	—
英国	AutoTech Robotics	涉及焊接、涂胶、密封、钻孔、喷涂、冲压、切割等各个工序的机器人自动化制造系统	—
意大利	COMAU	Smart系列多功能机器人和MAST系列龙门焊接机器人	—
以色列	Robogroup Tek	涵盖机器人的液压、气动、PLC、传感器、过程控制和数据采集等系统的研发制造	—
奥地利	IGM	焊接机器人为主,包括电弧、激光以及电子束等自动化焊接与切割系统	—

资料来源:《青岛市工业机器人产业发展路线图》。

国外重点机器人企业最初起源于机器人产业链上下游相关企业,如下游的焊接应刷设备、上游的数控系统生产等。一些规模较大的机器人企业大多是以本体业务为核心,同时涉足集成业务,甚至也做核心零部件业务的综合型机器人企业。其中,最为业内所知的就是被称为“四大家族”的 FANUC、ABB、KUKA 和 Yaskawa。

资料显示,截至 2017 年,FANUC、ABB、KUKA 和 Yaskawa 这“四大家族”的机器人业务占全球工业机器人市场约 60%的份额。纵观“四大家族”的机器人发展历程,ABB 和 Yaskawa 最早从事电力电机设备、FANUC 从事数控系统业务、KUKA 专注于焊接设备生产,在逐渐掌握了机器人本体和核心零部件的生产技术后,成为机器人巨头。

“四大家族”中,各企业工业机器人产品也各有特点,ABB 机器人在控制性、整体性上表现最好;FANUC 机器人在重量、操作简易性上具有优势;KUKA 机器人则广泛应用在汽车生产线上,如表 1-3 所示。

表 1-3　工业机器人四大家族比较

企业	主要机器人产品	机器人最主要应用领域	机器人产品优势	产品系列名称	机器人单体售价
ABB	搬运、焊接、喷涂和特殊机器人	电子电气、物流搬运	控制件、整体性好	IRB 系列机器人	5 000～26 000 英镑
FANUC	数控系统;清洗、搬运、点焊、弧焊、装配机器人	汽车工业、电子电气	重量轻,标准化编程,操作简单	R2000 系列,S 系列	6 500～12 500 英镑
Yaskawa	伺服电帆;点焊、弧焊、喷涂机器人	电子电气、物流搬运	高精度、高附加值	Motorman 系列	3 500～6 000 英镑
KUKA	焊接、码垛、装配、清洁机器人	汽车工业	反应速度快,标准化编程、操作简单	KR 系列	5 500～17 500 英镑

(1)ABB

ABB是全球电力和自动化技术领域的领导企业,致力于为工业、能源、电力、交通和建筑行业的客户提供解决方案,业务遍布全球100多个国家,拥有15万名员工,2013年销售收入约为420亿美元。ABB同时也是全球领先的工业机器人供应商,提供机器人产品、模块化制造单元及服务。截至2015年,在世界范围内安装了超过25万台机器人。ABB于1974年推出全球第一台全电动微机控制工业机器人。目前,ABB主营业务有五项,分别是电力产品、电力系统、低压产品、离散自动化与运动控制,以及过程自动化,年收入分别为110亿、84亿、77亿、99亿和85亿美元。2010年后机器人被归入离散自动化与运动控制业务,机器人业务收入大约占整个离散自动化与运动控制业务的20%,2013年机器人业务收入为20亿美元左右。2017年4月20日——ABB集团首席执行官史毕福表示:“我们连续第二个季度实现了销售收入增长。部分过程工业已出现市场企稳的初步迹象,先行周期业务呈现增长。去年同期ABB在华获得高压直流项目订单,相比而言,本季度电网业务的订单额有所下降。但中国的整体市场的潜在需求保持向好趋势。”

ABB 2013年在中国市场的总收入达54亿美元,其中超过80%的销售额由中国工厂创造。专利注册数同比增长12%。中国已成为ABB全球第二大市场。目前,企业业务范围已经扩展到中国近60个大中城市。ABB的IRB系列机器人具有出色的控制性和整体性,在整个机器人应用领域拥有忠实的客户群体。

(2)FANUC

FANUC(发那科)是世界上最大的数控系统生产厂家,FANUC于1959年首先推出了步进电机,在20世纪70年代成功研制了数控系统5,之后又研发了更为先进的数控系统7。

FANUC于1974年研发了首台机器人,截至目前,公司的机器人种类可达240多种,有小型的智能机器人,有大型的工业机器人，其重量最轻的仅有0.5公斤，最重的可达数吨。FANUC机器人产品在北美市场占有率为50%，在日本占有率为25%，在欧洲占有率为25%，在中国则占有23%的市场份额。2011年，FANUC全球机器人装机总量超过25万台，真正成为工业机器人的领头羊；截至2016年，FANUC再创新高，装机总量超过35万台，市场份额稳居第一。

(3)Yaskawa

Yaskawa(安川电机)是运动控制领域专业的生产厂商，是日本第一个做伺服电机的公司，其产品以稳定快速著称，性价比高，是全球销售量最大，使用行业最多的伺服电机品牌。在日本，Yaskawa多年来一直占据最大的伺服电机市场份额。2013年，Yaskawa整体业务收入3 636亿日元，其中机器人事业部收入1 225亿日元，占总收入的34%，Yaskawa的最大销售市场是在日本，占Yaskawa总销量的41%。中国是Yaskawa的第二大市场，占总销量的19%。

1977年，Yaskawa开发生产了日本第一台全电气化的工业机器人——莫托曼1号，此后，相继开发了焊接、装配、喷漆、搬运等各种各样的自动化机器人。1990年，Yaskawa开发了全球第一台带电作业机器人。2005年，Yaskawa又开发了新一代工业用双臂机器人，机器人最高轴数达到了15轴。截至2013年9月，工业机器人累计出售台数已突破28万台。

(4)KUKA

KUKA(库卡)是世界顶级的为自动化生产行业提供柔性生产系统、机器人及备件的供应商之一。客户几乎遍及所有汽车生产厂家。在机器人技术研发方面，KUKA一直走在最前沿。1973年，KUKA研制了全球第一台六轴机电驱动机器人；1989年，KUKA研制了使用无刷电机的新一代工业机器人；2007年，KUKA开发出了当时最强大的工业机器人“Titan”。

KUKA 机器人的优势主要集中在汽车行业。在汽车行业，KUKA 有着非常忠实的客户群体，2013 年 KUKA 机器人在汽车行业的市场地位高居世界第一，戴姆勒、大众、宝马和福特都是 KUKA 的忠实客户，如图 1-8 所示。2017 年 KUKA 实现收入 58 亿元，实现 26％的增长。

图 1-8　用于汽车产业的工业机器人

KUKA 受益于中国机器人工业的提速发展。IFR 预计中国机器人销售到 2020 年可比 2015 年增长 1.3 倍。通过携手美的，KUKA 在中国区的业务也快速拓展，2016 年 KUKA 来自中国区的订单达 5.3 亿欧元，比去年同期增长 44％。

在中国，KUKA 拥有深厚的客户基础，几乎所有大型汽车生产厂商都采用了 KUKA 的工业机器人。除此之外，KUKA 机器人在工程机械、食品等行业也有忠实的客户群体。

从核心零部件的角度来看，工业机器人的关键基础部件包括构成机器人传动系统、控制系统和人机交互系统，对机器人性能起关键影响作用，并具有通用性和模块化特征的部件单元，主要分成以下三部分：机器人减速机、交直流伺服电机和驱动器、机器人控制器，如表 1-4 所示。

表 1-4 工业机器人关键部件供应商

关键部件名称		研发企业或产品	特点	中国的差距
机器人减速器		Nabtesco(日本):RV摆线针轮减速机	使用企业:ABB	无成熟产品
		Harmonic Drive 高性能谐波减速器	FANUC、KUKA、MOTOMAN	已有替代品,但在输入转速、扭转高度、传动精度、效率等方面差距很大
交直流伺服电机和驱动器		欧系:伦茨、LUSt、博世力士乐	过载能力、动态响应好,驱动器开放性好,有总线接口,价格昂贵	国内科研机构的同类产品动态性能、开放性、可靠性尚需验证
		日系:Yaskawa、松下、三菱	价格相对低,动态响应能力差,开放性较差	
机器人控制器	运动控制卡	DeltaTau:PMAC卡	—	固高科技已经开发出相应成熟产品,但产业化应用相对较少
	PLC控制系统	Beckhoff:TwinCAT系统	—	—

第 2 章　工业机器人的机械结构

工业机器人的机械结构是机器人的主要基础理论和关键技术，也是现代机械原理研究的主要内容。机器人一般由驱动系统、执行机构、控制系统三个基本系统，以及一些复杂的机械结构组成。通常用自由度、工作空间、额定负载、定位精度、重复精度和最大工作速度等技术指标来描述机器人的性能。

2.1　机器人的结构基础

2.1.1　机器人结构运动简图

机器人结构运动简图是指用结构与运动符号表示机器人手臂、手腕和手指等结构及结构间的运动形式的简易图形符号，参见表 2-1。

表 2-1　机器人结构运动简图

序号	运动和结构机能	结构运动符号	图例说明	备注
1	移动 1	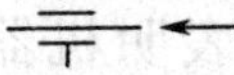	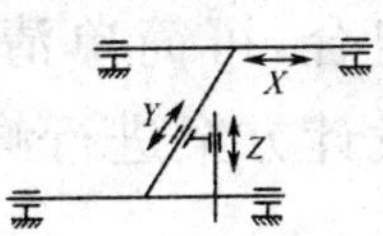 X Y Z	—
2	移动 2			—
3	摆动 1	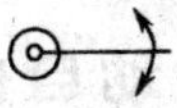 (a) 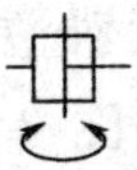 (b)	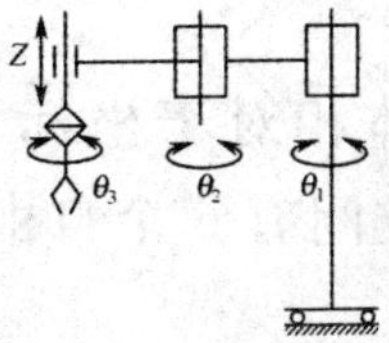 Z θ_3 θ_2 θ_1	绕摆动轴旋转角度小于 360°；(b) 是 (a) 的侧向图形符号

续表

序号	运动和结构机能	结构运动符号	图例说明	备注
4	摆动 2	(a) (b)		能绕摆动轴360°旋转；(b)是(a)的侧向图形符号
5	回转 1		ϕ θ_2 Z θ_1	一般用于表示腕部回转
6	回转 2			一般用于表示机身的回转
7	钳爪式手部			—
8	磁吸式手部			—
9	气吸式手部		ϕ_2 θ_2 ϕ_1 θ_1	—
10	行走机构			—
11	底座固定			—

机器人结构运动简图能够更好地分析和记录机器人的各种运动和运动组合，可简单清晰地表明机器人的运动状态，有利于对机器人的设计方案进行鲜明的对比。

2.1.2 工业机器人的运动自由度

描述物体相对于坐标系进行独立运动的数目称为自由度。物体在三维空间有 6 个自由度，如图 2-1 所示。

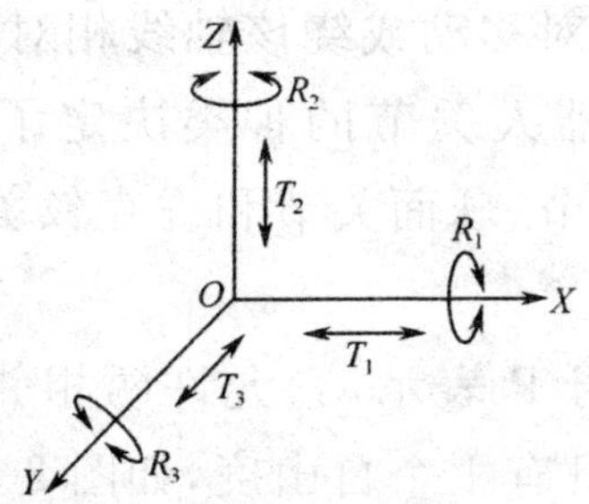

图 2-1　刚体三维空间自由度

机器人的自由度是指描述一个机器人本体（不含末端执行器）相对于基坐标系（机器人坐标系）进行独立运动参数的数目，它是表示机器人动作灵活程度的参数。图 2-2 所示为由国家标准中规定的运动功能图形符号构成的工业机器人简图，其手腕具有回转角为 θ_2 的一个独立运动，手臂具有回转运动 θ_1、俯仰运动 Φ 和伸缩运动 S 三个独立运动。这 4 个独立变化参数确定了手部中心位置与手部姿态，它们就是工业机器人的 4 个自由度。工业机器人的自由度数越多，其动作的灵活性和通用性就越好，但是其结构和控制就越复杂。

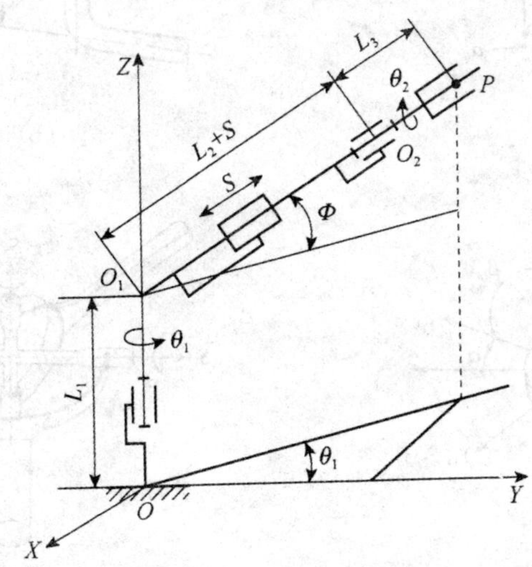

图 2-2　工业机器人简图

在机器人机构中，两相邻连杆之间有一个公共的轴线，两杆之间允许沿该轴线相对移动或绕该轴线相对转动，构成一个运动副，也称为关节。机器人关节的种类决定了机器人的运动自由度，移动关节、转动关节、球面关节和虎克铰关节是机器人机构中经常使用的关节类型。

移动关节：用字母 P 表示，它允许两相邻连杆沿关节轴线做相对移动，这种关节具有 1 个自由度，如图 2-3(a)所示。

转动关节：用字母 R 表示，它允许两相邻连杆绕关节轴线做相对转动，这种关节具有 1 个自由度，如图 2-3(b)所示。

球面关节：用字母 S 表示，它允许两连杆之间有 3 个独立的相对转动，这种关节具有 3 个自由度，如图 2-3(c)所示。

虎克铰关节(扭转关节)：用字母 T 表示，它允许两连杆之间有两个相对转动，这种关节具有 2 个自由度，如图 2-3(d)所示。

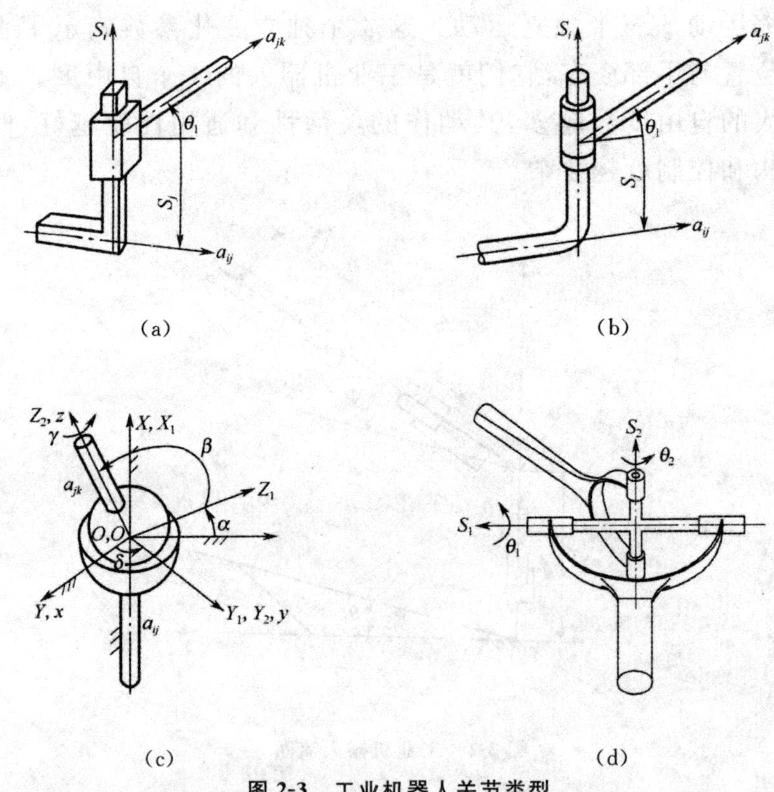

图 2-3　工业机器人关节类型

(a)移动关节；(b)转动关节；(c)球面关节；(d)虎克铰关节

(1)直角坐标机器人的自由度

如图 2-4 所示为直角坐标机器人的自由度示意图，其臂部具有 3 个自由度。其移动关节各轴线相互垂直，使臂部可沿 X、Y、Z 三个自由度方向移动，构成直角坐标机器人的 3 个自由度。这种形式的机器人主要特点是结构刚度大，关节运动相互独立，操作灵活性差。

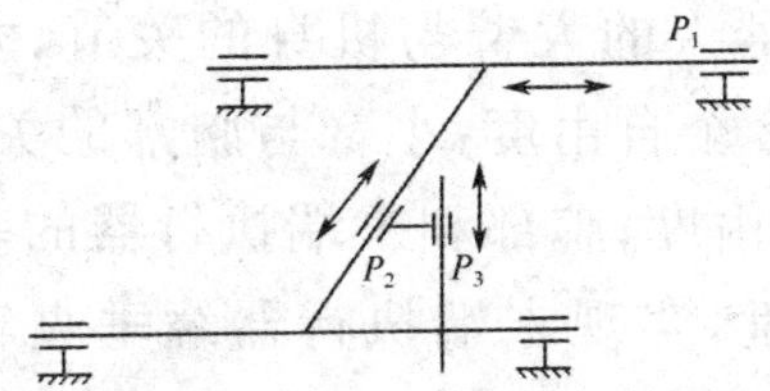

图 2-4　直角坐标机器人的自由度示意图

(2)圆柱坐标机器人的自由度

如图 2-5 所示为五轴圆柱坐标机器人的自由度示意图，其有 5 个自由度。臂部可沿自身轴线伸缩移动、可绕机身垂直轴线回转，以及沿机身轴线上下移动，构成 3 个自由度；另外，臂部、腕部和末端执行器三者间采用 2 个转动关节连接，构成 2 个自由度。

(3)球(极)坐标机器人的自由度

如图 2-6 所示为球(极)坐标机器人，其具有 5 个自由度。臂部可沿自身轴线伸缩移动，可绕机身垂直轴线回转，并可在垂直平面内上下摆动，构成 3 个自由度；另外，臂部、腕部和末端执行器三者间采用 2 个转动关节连接，构成 2 个自由度。这类机器人的灵活性好，工作空间大。

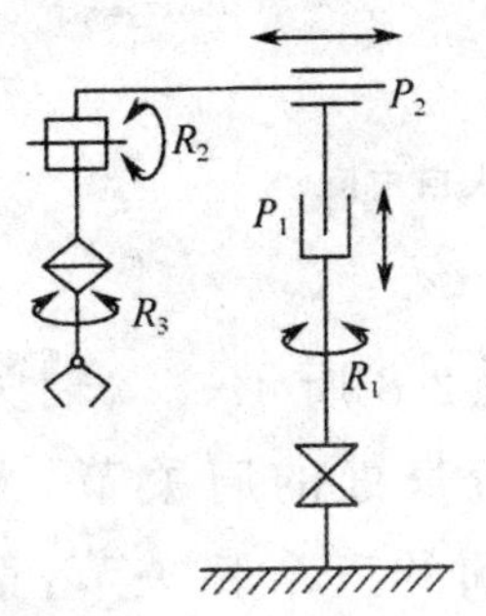

图 2-5　圆柱坐标机器人自由度

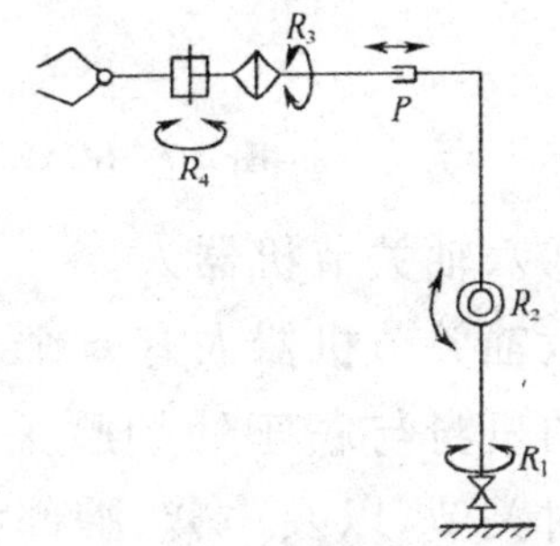

图 2-6　球(极)坐标机器人自由度

(4)关节机器人

关节机器人的自由度与关节机器人的轴数和关节形式有关，现以常见的 SCARA 平面关节机器人和六轴关节机器人为例进行说明。

①SCARA 型关节机器人。

SCARA 型关节机器人有 4 个自由度，如图 2-7 所示。SCARA 型关节机器人的大臂与机身的关节、大小臂间的关节都为转动关节，具有 2 个自由度；小臂与腕部的关节为移动关节，此关节处具有 1 个自由度；腕部和末端执行器的关节为 1 个转动关节，具有 1 个自由度，实现末端执行器绕垂直轴线的旋转。这种机器人适用于平面定位，在垂直方向进行装配作业。

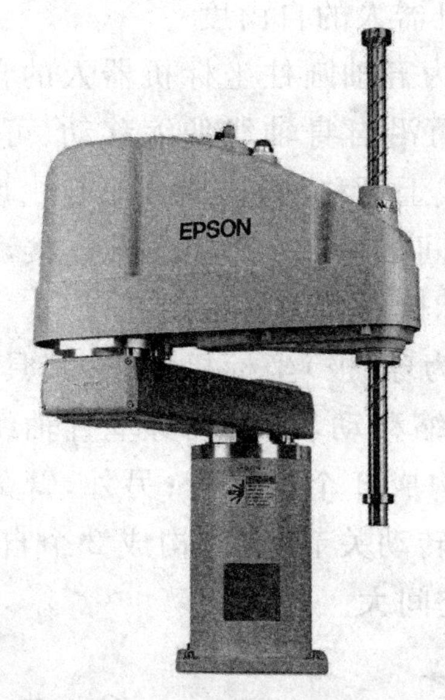

图 2-7 SCARA 平面关节机器人自由度

②六轴关节机器人。

六轴关节机器人有 6 个自由度，如图 2-8 所示。六轴关节机器人的机身与底座处的腰关节、大臂与机身处的肩关节、大小臂间的肘关节，以及小臂、腕部和手部三者间的三个腕关节，都是转动关节，因此该机器人具有 6 个自由度。这种机器人动作灵活、结构紧凑。

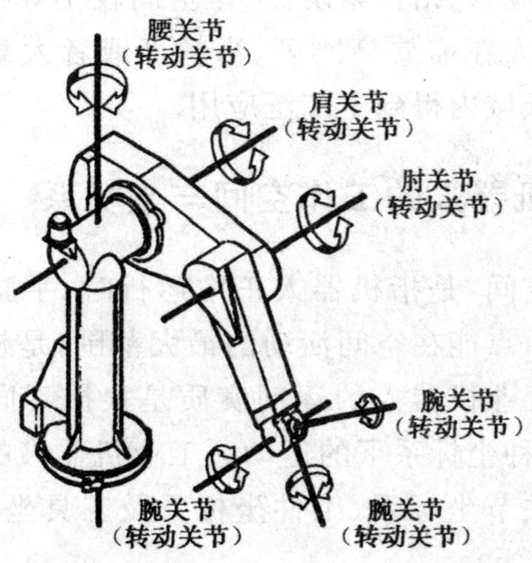

图 2-8　六轴关节机器人自由度

(5)并联机器人的自由度

并联机器人是由并联方式驱动的闭环机构组成的机器人。如图 2-9 所示为 Gough-Stewart 并联机构。与开链式工业机器人的自由度不同，并联机器人不能通过结构关节自由度的个数明显数出，可通过下式计算其自由变数。

$$F = 6(l - n + 1) + \sum_{i=1}^{n} f_i$$

式中，F 为机器人自由度数；l 为机构连杆数；n 为结构的关节总数；f_i 为第 i 个关节的自由度数。

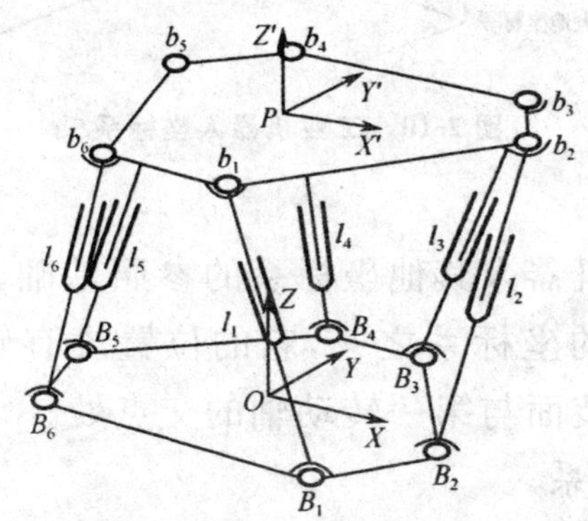

图 2-9　Gough-Stewart 并联机构

并联机器人具有无累积误差、精度高、刚度大、承载能力强、速度高、动态响应好、结构紧凑、工作空间较小等特点。根据这些特点,并联机器人在需要高刚度、高精度或者大载荷而不需要很大工作空间的领域内得到了广泛应用。

2.1.3 机器人的工作空间与坐标系

所谓工作空间,是指机器人正常运行时,手腕参考点或者机械接口坐标系原点能在空间活动的最大范围,是机器人的主要技术参数之一。工业机器人的运动实质是根据不同作业内容和轨迹的要求,在各种坐标系下的运动。工业机器人的坐标系主要包括:基坐标系、关节坐标系、工件坐标系及工具坐标系,如图 2-10 所示。

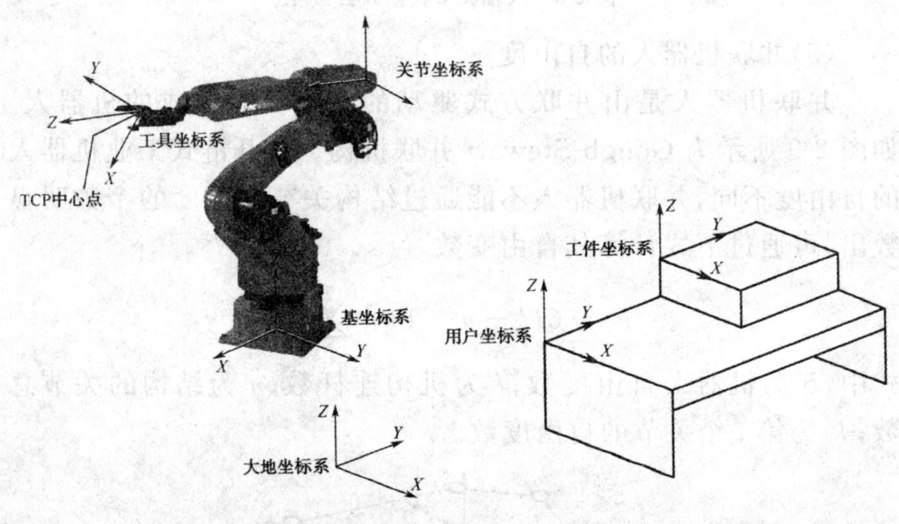

图 2-10 工业机器人坐标系

(1)基坐标系

基坐标系是机器人其他坐标系的参照基础,是机器人示教与编程时经常使用的坐标系之一,它的位置没有硬性的规定,一般定义在机器人安装面与第一转动轴的交点处。

(2)关节坐标系

关节坐标系的原点设置在机器人关节中心点处,反映了该关节处每个轴相对该关节坐标系原点位置的绝对角度。

(3)工件坐标系

工件坐标系是用户自定义的坐标系,用户坐标系也可以定义为工件坐标系,可根据需要定义多个工件坐标系,当配备多个工作台时,选择工件坐标系操作更为简单。

(4)工具坐标系

工具坐标系是原点安装在机器人末端的工具中心点(Tool Center Point,TCP)处的坐标系,原点及方向都是随着末端位置与角度不断变化的,该坐标系实际是将基坐标系通过旋转及位移变化而来的。因为工具坐标系的移动,以工具的有效方向为基准,与机器人的位置、姿势无关,所以进行相对于工件不改变工具姿势的平行移动最为适宜。

2.2 工业机器人的末端操纵器

末端操纵器是连接在机器人手腕上的用于机器人执行特定工作的装置,又称手部。由于工业机器人所能完成的工作非常广泛,末端操纵器很难做到标准化,因此在实际应用当中,末端操纵器一般都是根据其实际要完成的工作进行定制。常用的有以下几类:

①夹钳式取料手。

②吸附式取料手。

③专用操作器及转换器。

④仿生多指灵巧手。

2.2.1 夹钳式取料手

夹钳式取料手是工业机器人最常用的一种末端操作器形式,在装配流水线上用得较为广泛。它一般由手指(手爪)、驱动机构、传动机构、连接与支承元件组成,工作机理类似于常用的手钳。如图 2-11 所示，夹钳式取料手能用手爪的开闭动作实现对物体的夹持。

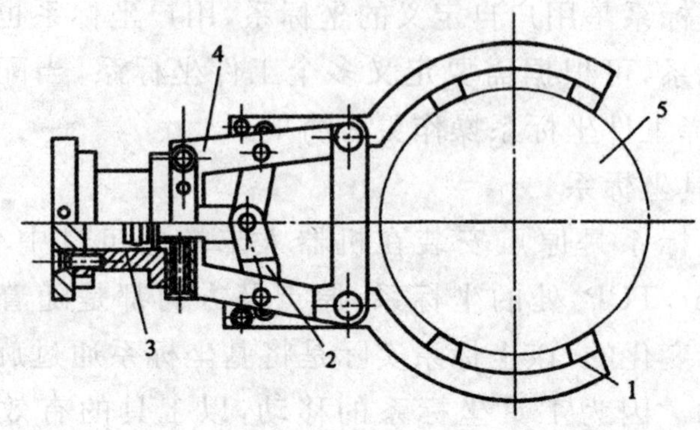

图 2-11　夹钳式取料手的组成

1—手指；2—传动机构；3—驱动源；4—铰链；5—工件

1. 手指

手指是直接与工件接触的构件，通过手指的张开和闭合来实现工件的松开和夹紧。指端是手指上直接与工件接触的部位，其形状分为 V 形指、平面指、尖指和特形指。

①V 形指。如图 2-12 所示，图(a)适用于夹持圆柱形工件，图(b)适用于夹持旋转中的圆柱体，图(c)有自定位能力，但浮动件设计应具有自锁性。

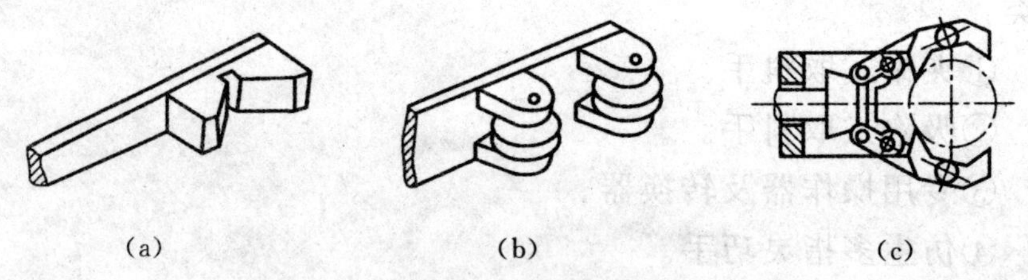

图 2-12　V 形指端形状

(a)固定 V 形；(b)滚珠 V 形；(c)自定位式 V 形

②平面指。如图 2-13(a)所示，一般用于夹持方形工件(具有两个平行表面)、板形或细小棒料。

③尖指。如图 2-13(b)所示，一般用于夹持小型或柔性工件。

④特形指。如图 2-13(c)所示,一般用于夹持形状不规则的工件。

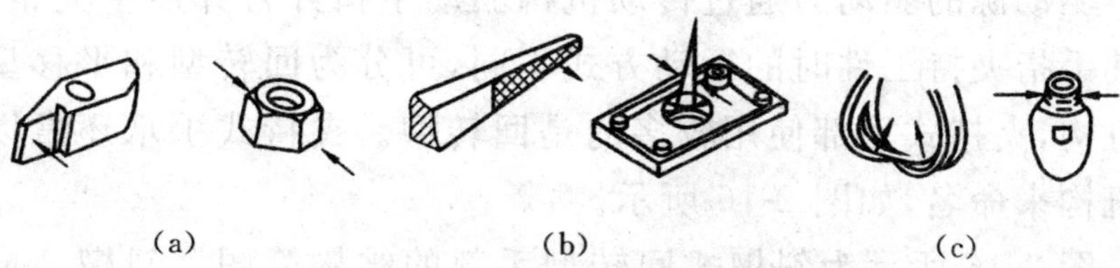

图 2-13　夹钳式手指端形状

(a)平面指;(b)尖指;(c)特形指

夹持式抓取器通常由两个或更多的手指组成,通过机器人控制器控制手指的开合来抓取工件或物体。机械手根据夹持方式,分为内撑式和外夹式两种,如图 2-14 所示。根据手指的运动方式,分为移动式和回转式两种,如图 2-15 所示。根据手指的多少,分为二手指和多手指两种。

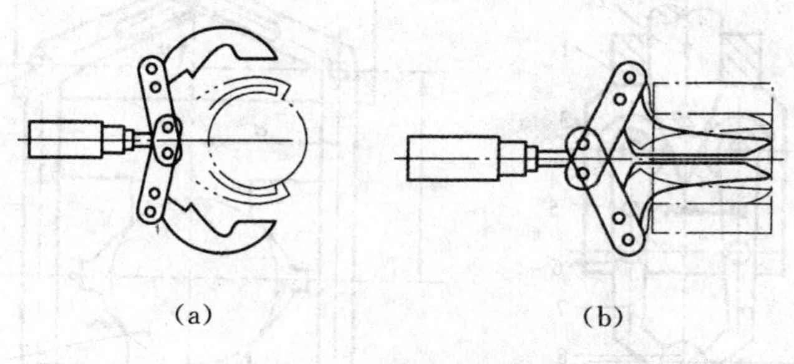

图 2-14　手指夹持式机械手

(a)外夹式;(b)内撑式

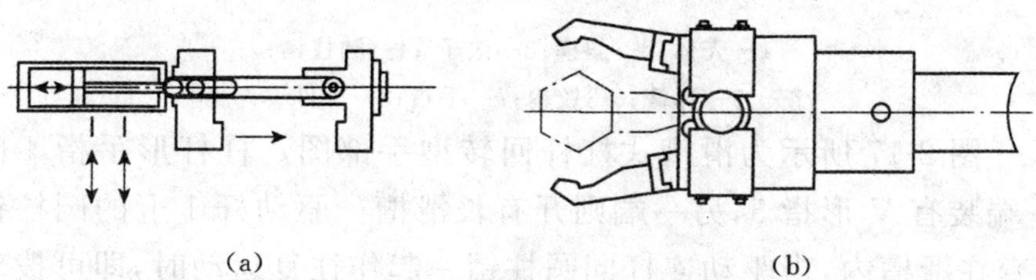

图 2-15　手指运动式机械手

(a)移动式;(b)回转式

2. 传动机构

驱动源的驱动力通过传动机构驱动手指开合并产生夹紧力。按其手指夹持工件时的运动方式不同,可分为回转型和平移型传动机构,夹持式手部使用较多的是回转型。夹持式手爪还常以传动机构来命名,如图 2-16 所示。

图 2-16 所示为斜楔式回转型手部的结构简图。斜楔 2 向下运动,克服弹簧 5 拉力,使杠杆手指装有滚子 3 的一端向外撑开,从而夹紧工件 8。反之,斜楔向上移动,则在弹簧拉力作用下,使手指 7 松开。

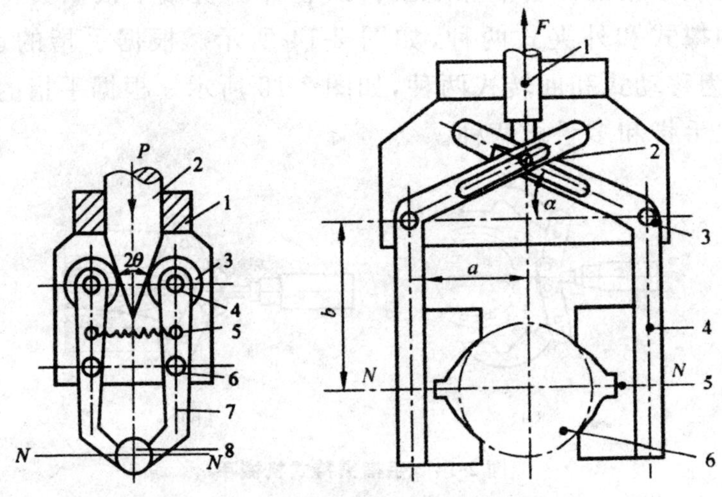

图 2-16　斜楔杠杆式手部图

1—壳体;2—斜楔;3—滚子 ;4—圆柱销;
5—弹簧;6—铰销;7—手指;8—工件

图 2-17 所示为滑槽式杠杆回转型手部图。杠杆形手指 4 的一端装有 V 形指 5,另一端则开有长滑槽。驱动杆 1 上的圆柱销 2 套在滑槽内,当驱动连杆同圆柱销一起作往复运动时,即可拨动两个手指各绕其支点(铰销 3)作相对回转运动,从而实现手指对工件 6 的夹紧与松开动作。

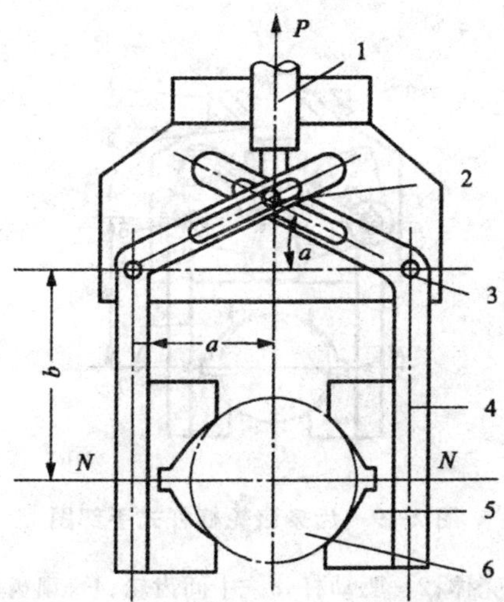

图 2-17　滑槽式杠杆回转型手部图

1—驱动杆；2—圆柱销；3—铰销；4—手指；5—V 形指；6—工件

图 2-18 所示为双支点连杆杠杆式手部的简图。该机构的活动环节较多，故定心精度一般比斜楔传动差。

图 2-19 所示为齿条齿轮杠杆式手部图。驱动力推动齿条作直线往复运动，即可带动扇形齿轮回转，从而使手指闭合或松开。

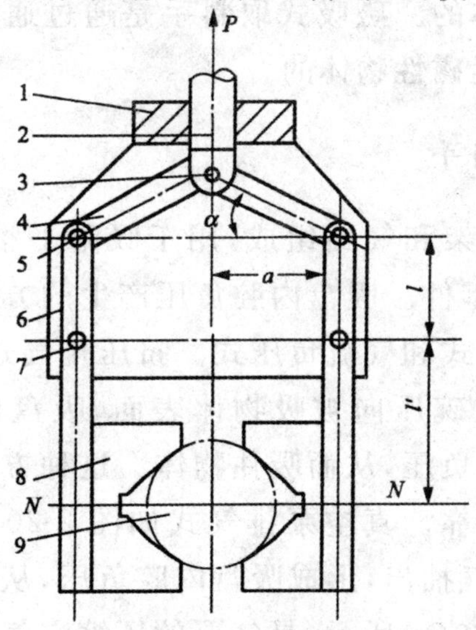

图 2-18　双支点连杆杠杆式手部图

1—壳体；2—驱动杆；3—铰销；4—连杆；5、7—圆柱销；6—手指；8—V 形指；9—工件

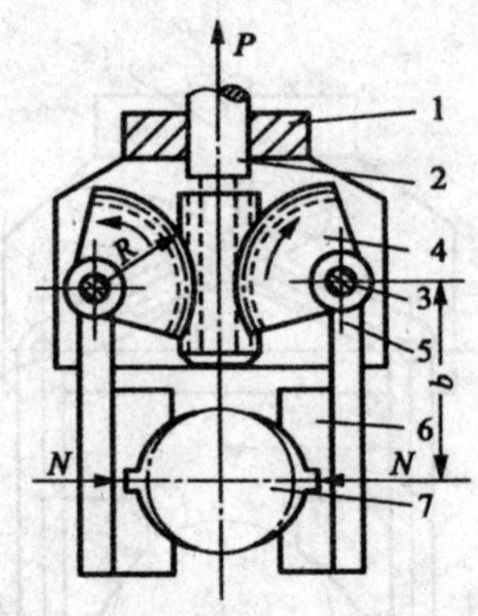

图 2-19 齿条齿轮杠杆式手部图

1—壳体;2—驱动杆;3—中间齿轮;4—扇齿轮;
5—手指;6—V 形指;7—工件

2.2.2 吸附式取料手

吸附式取料手有气吸式和磁吸式两种。气吸式取料手是通过抽空与物体接触平面密封型腔的空气而产生的负压真空吸力来抓取和搬运物体的。磁吸式取料手是通过通电产生的电磁场吸力来抓取和搬运磁性物体的。

1. 气吸式取料手

由吸盘、吸盘架和气路组成,用于吸附平整光滑、不漏气的各种板材和薄壁零件。吸盘内腔负压产生的方法主要有挤压排气式、真空泵排气式和气流负压式。挤压排气式如图 2-20(a)所示,是靠外力将皮碗压向被吸物体表面,吸盘内腔空气被挤出去,形成吸盘内腔负压,从而吸住物体。这种方式所形成的吸力不大,而且也不可靠。真空泵排气式如图 2-20(b)所示,是靠真空泵将吸盘内空气抽出,形成吸盘内腔负压,从而吸住物体。气流负压式如图 2-20(c)所示,是气泵的压缩空气通过喷嘴形成高压射流,吸盘内的高压空气被带走,在吸盘内腔形成负压,吸盘吸住物体。

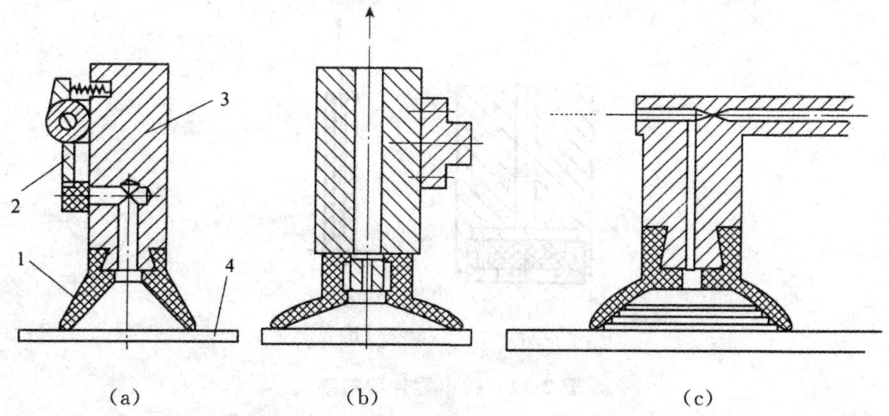

图 2-20　气吸式吸盘内腔产生负压的方法

(a)挤压排气式;(b)真空泵排气式;(c)气流负压式

1—吸盘;2—压盖;3—吸盘架;4—工件

(1)真空吸附取料手

图 2-21 为真空吸附取料手的结构原理。其真空的产生是利用真空泵,真空度较高。取料时,碟形橡胶吸盘与物体表面接触,橡胶吸盘在边缘既起到密封作用,又起到缓冲作用,然后真空抽气,吸盘内腔形成真空,吸取物料。放料时,管路接通大气,失去真空,物体放下。为避免在取放料时产生撞击,有的还在支承杆上配有弹簧缓冲。真空取料手有时还用于微小无法抓取的零件,如图 2-22 所示。

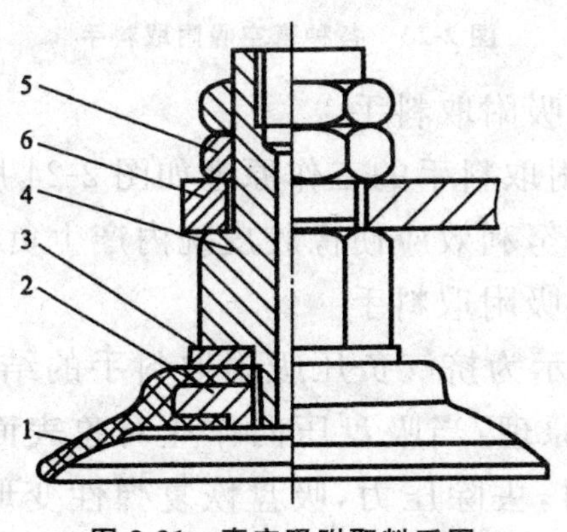

图 2-21　真空吸附取料手图

1—橡胶吸盘;2—固定环;3—垫片;4—支承杆;5—螺母;6—基板

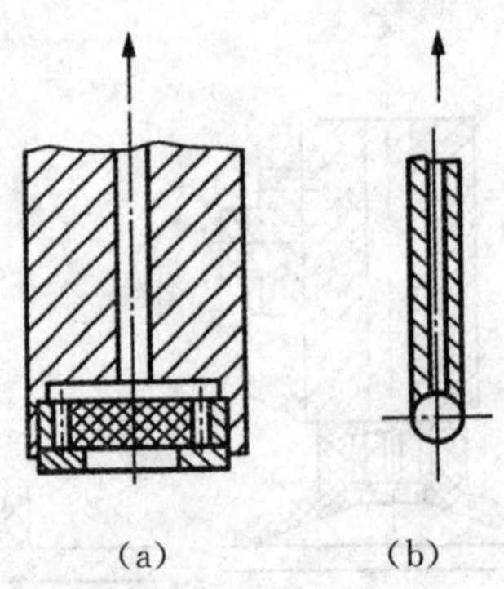

图 2-22　微小零件取料手

(a)垫圈取料手；(b)钢球取料手

真空吸附取料手工作可靠，吸附力大，但需要有真空系统，成本较高。各种真空取料手如图 2-23 所示。

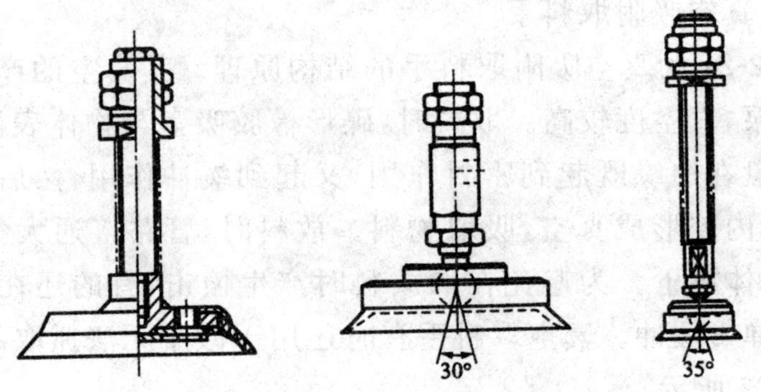

图 2-23　各种真空吸附取料手

(2)气流负压吸附取料手

气流负压吸附取料手的工作原理如图 2-24 所示，压缩空气进入喷嘴后，利用伯努利效应使橡胶皮碗内产生负压。

(3)挤气负压吸附取料手

如图 2-25 所示为挤气负压吸附取料手的结构。挤气负压吸附取料手的工作原理：当吸盘压向作业对象表面时，将吸盘内的空气挤出；松开时，去除压力，吸盘恢复弹性变形，使吸盘内腔形成负压，将作业对象牢牢吸住，到达目标位置后，或用碰撞力或用电磁力使压盖动作，破坏吸盘腔内的负压，释放作业对象。

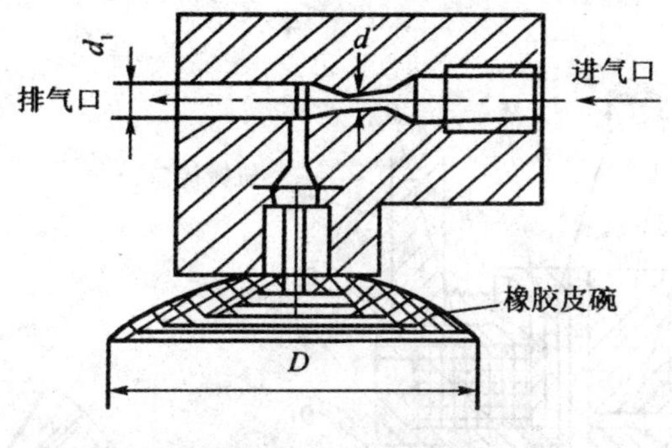

图 2-24　气流负压吸盘

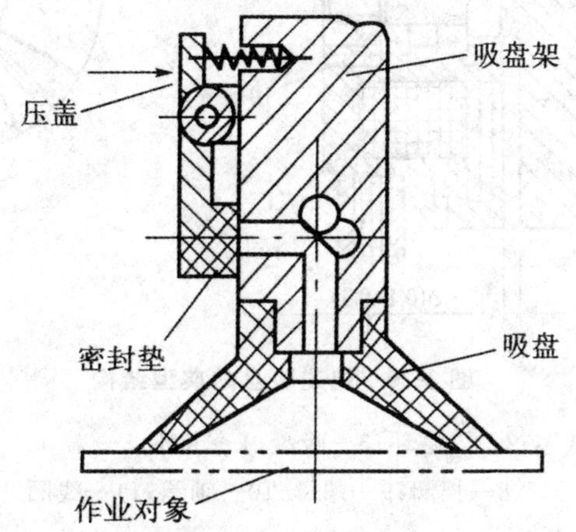

图 2-25　挤气负压吸附取料手

2. 磁吸式取料手

用接通或切断电磁铁电流的方法来吸、放具有磁性的工件。磁吸式取料手采用的电磁铁有交流电磁铁和直流电磁铁两种。交流电磁铁吸力波动，有噪声和涡流损耗。直流电磁铁吸力稳定，无噪声和涡流损耗。电磁吸盘的典型结构如图 2-26 所示。

图 2-27 所示为几种电磁式吸盘吸料示意图。图 2-27(a)为吸附滚动轴承底座的电磁式吸盘；图 2-27(b)为吸取钢板的电磁式吸盘；图 2-27(c)为吸取齿轮用的电磁式吸盘；图 2-27(d)为吸附多孔钢板用的电磁式吸盘。

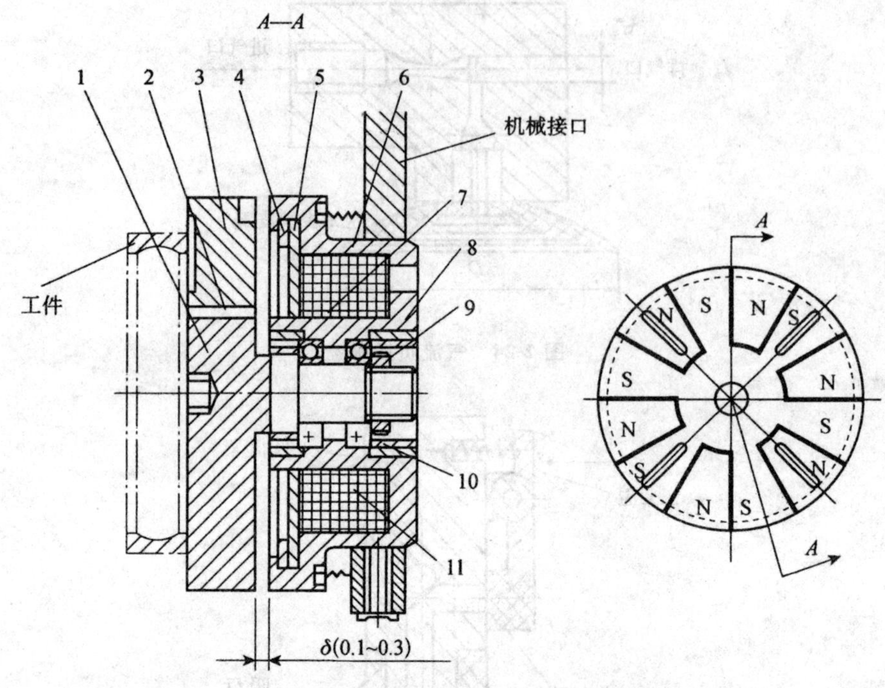

图 2-26　电磁吸盘的典型结构

1—铁芯；2—隔磁环；3—吸盘；4—卡环；5—盖；6—壳体；
7、8—挡圈；9—螺母；10—轴承；11—线圈

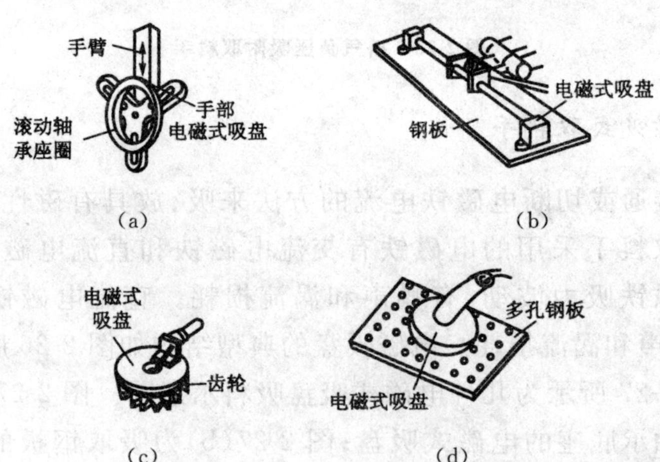

图 2-27　几种电磁式吸盘吸料示意图

(a)吸附滚动轴承底座的电磁式吸盘；(b)吸取钢板的电磁式吸盘；
(c)吸取齿轮用的电磁式吸盘；(d)吸附多孔钢板用的电磁式吸盘

图 2-28 为一种具有磁粉袋的吸附手，用于吸附具有光滑曲面的工件。

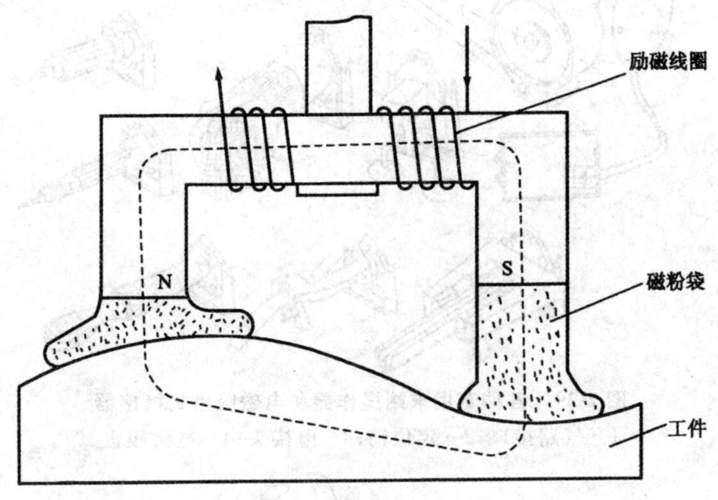

图 2-28　具有磁粉袋的吸附手

2.2.3　专用操作器及转换器

1. 专用末端操作器

根据作业要求，配上各种专用的末端操作器，就能完成各种不同的工作。如图 2-29 所示，末端操作器有拧螺母机、焊枪、电磨头、电铣头、抛光头、激光切割机等，形成一整套系列供用户选用，使机器人胜任各种工作。

2. 换接器或自动手爪更换装置

使用一台通用机器人，要在作业时能自动更换不同的末端操作器，就需要配置具有快速装卸功能的换接器。

图 2-30 为气动换接器和专用末端操作器库，该换接器分成两部分：一部分装在手腕上称为换接器，另一部分在末端操作器上称为配合器。利用气动锁紧器将两部分进行连接，并具有就位指示灯以表示电路、气路是否接通。

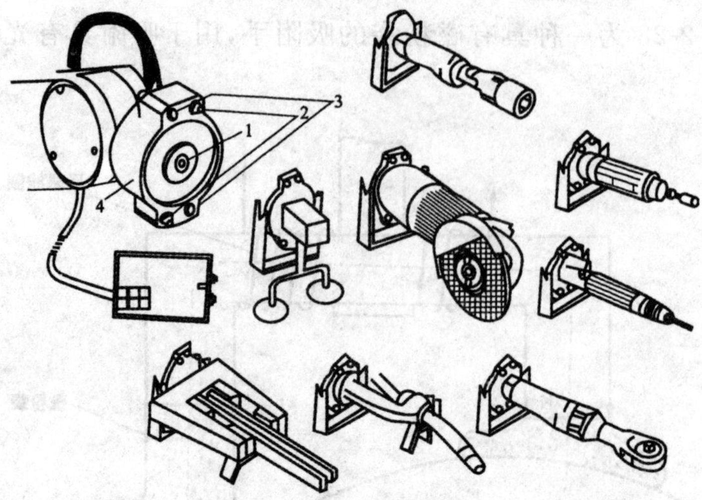

图 2-29　各种专用末端操作器和电磁吸盘式换接器

1—气路接口；2—定位销；3—电接头；4—电磁吸盘

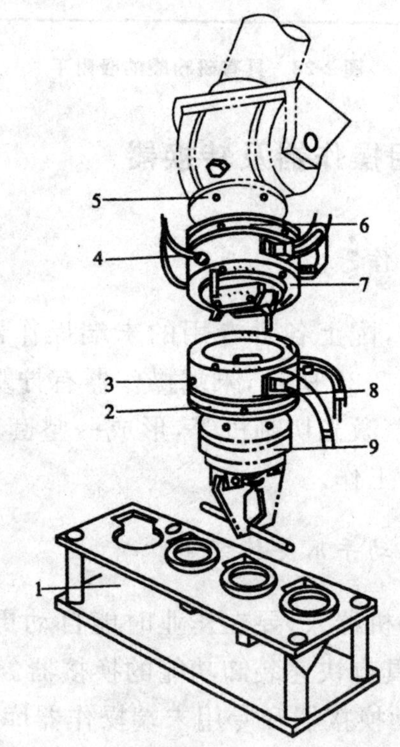

图 2-30　气动换接器和专用末端操作器库

1—末端操作器库；2—操作器过渡法兰；3—位置指示灯；4—换接器气路；5—连接法兰；6—过渡法兰；7—换接器；8—气动锁紧器；9—配合器

具体实施时，各种末端操作器放在工具架上，组成一个专用末端操作器库，类似于数控机床的刀库，如图 2-31 所示。

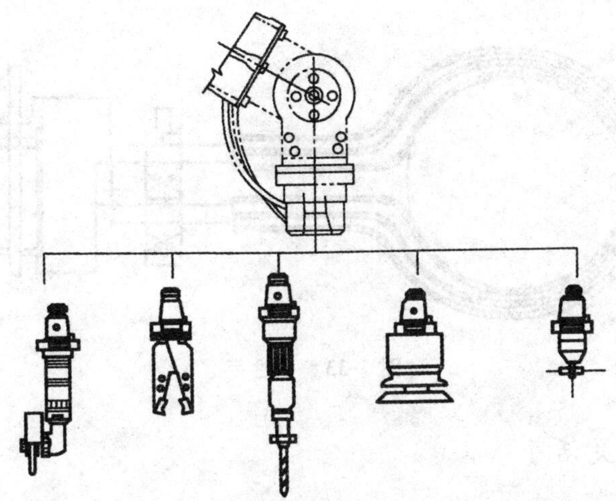

图 2-31　气动换接器与专用末端操作器

2.2.4　仿生多指灵巧手

1. 柔性手

柔性手可对不同外形物体实施抓取，并使物体表面受力比较均匀。图 2-32 所示为多关节柔性手腕，每个手指由多个关节串接而成，手指传动部分由牵引钢丝绳及摩擦滚轮组成。可抓取凹凸外形并使物体受力比较均匀。

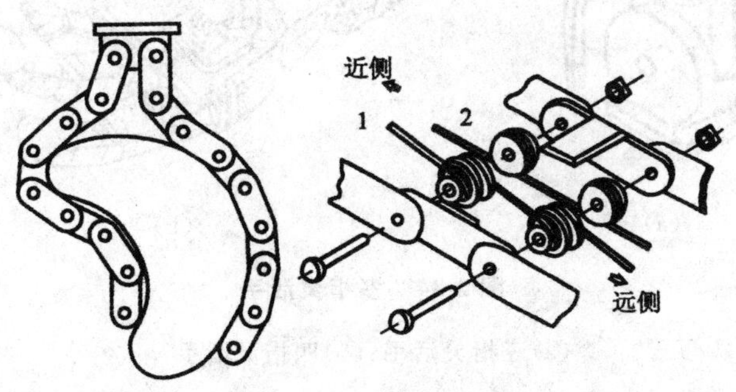

图 2-32　多关节柔性手腕

图 2-33 为用柔性材料做成的柔性手。一端固定,一端为自由端的双管合一的柔性管状手爪。适用于抓取轻型、圆形物体,如玻璃器皿等。

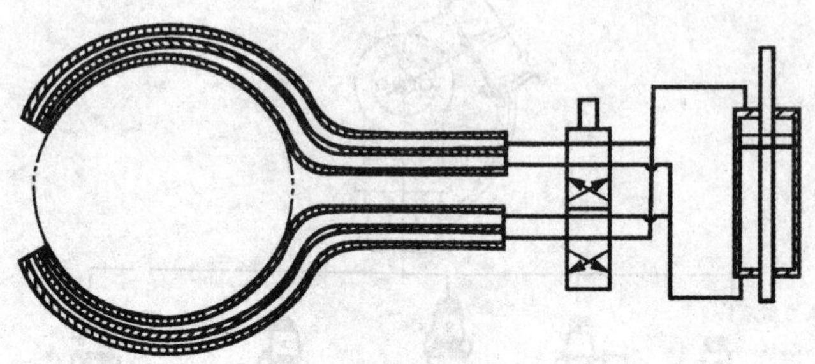

图 2-33　柔性手

2. 多指灵活手

机器人手部和腕部最完美的形式是模仿人手的多指灵活手,每一个手指由三个回转关节,每一个关节自由度都是独立控制的。因此,各种复杂动作都能模仿,图 2-34(a)和图 2-34(b)分别是三指灵活手和四指灵活手。

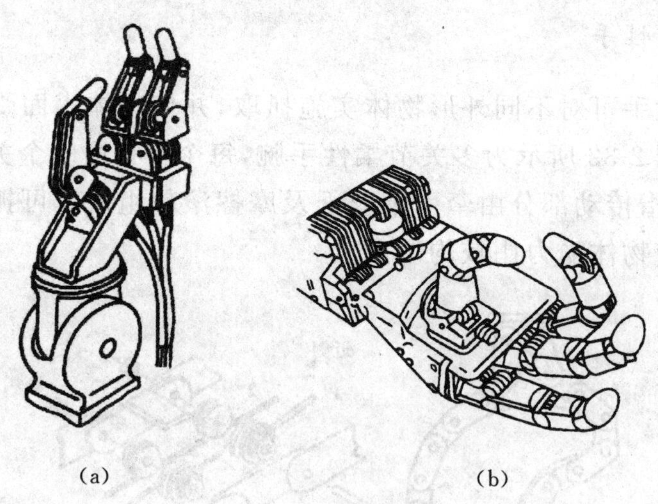

(a)　(b)

图 2-34　多指灵活手

(a)三指灵活手;(b)四指灵活手

2.3　工业机器人的腕部

工业机器人的手腕是连接手臂和末端执行器的部件，用以调整末端执行器的方位和姿态。因此，它具有独立的自由度，以满足机器人手部完成复杂的姿态，通常由 2 个或 3 个自由度组成。

例如，设想用机器人的手部夹持一个螺钉对准螺孔拧入，首先必须使螺钉前端到达螺孔入口，然后必须使螺钉的轴线对准螺孔的轴线，使轴线相重合后拧入。这就需要调整螺钉的方位角，前者即手部的位置，后者即手部的姿态。

图 2-35 给出了一个 3 自由度机器人手腕的典型配置，组成这 3 个自由度的 3 个关节分别被定义如下。

①扭转(Roll)：应用一个 T 形关节来完成相对于机器人手臂轴的旋转运动。

②俯仰(Pitch)：应用一个 R 形关节来完成上下旋转摆动。

③偏摆(Yaw)：应用一个 R 形关节来完成左右旋转摆动。

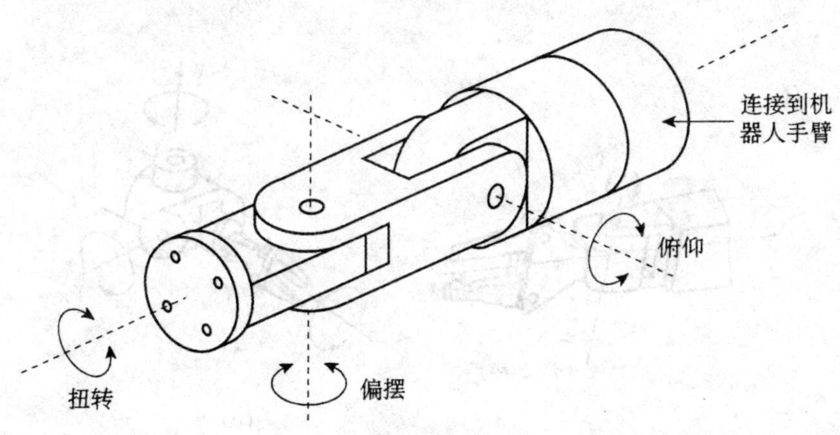

图 2-35　典型的工业机器人手腕

值得注意的是，SCARA 机器人是唯一不需要安装手腕的机器人，而其他机器人的手腕几乎总是由 R 形和 T 形关节配置组成的。

为了完整表示工业机器人的手臂及手腕结构，有时采用“手臂关节：手腕关节”的符号化形式来对其进行表示，如“TLR：TR”就表示了一个具有5自由度机器人的手臂手腕结构，其中TLR代表手臂是由一个扭转关节(T)、一个线性关节(L)和一个转动关节(R)组成的，TR代表手腕是由一个扭转关节(T)和一个转动关节(R)组成的。

2.3.1 腕部的转动方式

为了使手部能处于空间任意方向，要求腕部能实现对空间3个坐标轴 X、Y、Z 的转动，即具有翻转、俯仰和偏转3个自由度。这3个回转方向又分别称为臂转、手转、腕摆，如图2-36所示。

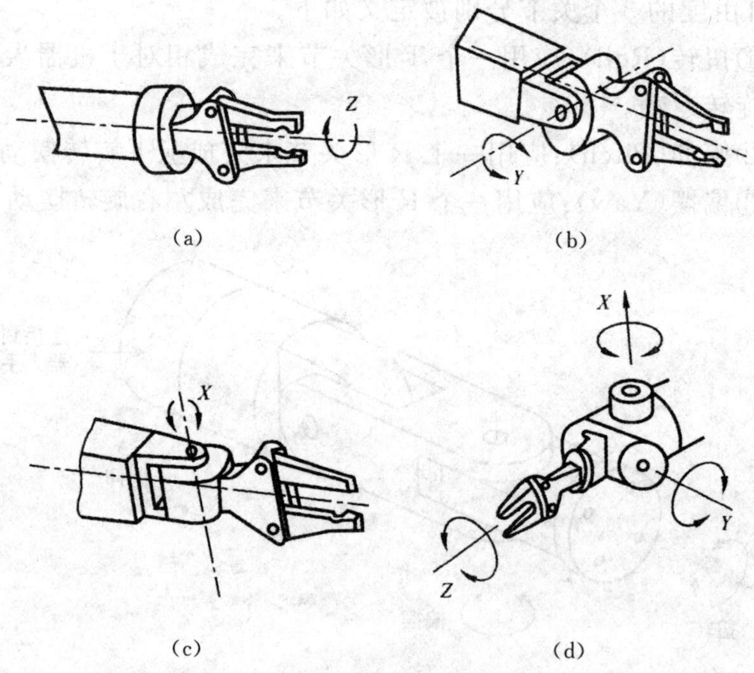

图 2-36 腕部的自由度

(a)臂转；(b)腕摆；(c)手转；(d)腕部坐标系

腕部是安装在臂部的小臂上，因此腕部结构的设计要满足传动灵活、结构紧凑轻巧、避免干涉，具有合理的自由度。

1. 臂转

臂转是指腕部绕小臂轴线的转动,又称为腕部旋转。有些机器人限制其腕部转动角小于 360°。另一些机器人则仅仅受到控制电缆缠绕圈数的限制,腕部可以转几圈。按腕部转动特点的不同,用于腕部关节的转动又可细分为滚转和弯转两种。

滚转是指组成关节的两个零件自身的几何回转中心和相对运动的回转轴线重合,因而能实现 360°无障碍旋转的关节运动,通常用 R 来标记,如图 2-37(a)所示。

弯转是指两个零件的几何回转中心和其相对运动的回转轴线垂直的关节运动。由于受到结构的限制,其相对转动角度一般小于 360°,通常用 B 来标记,如图 2-37(b)所示。

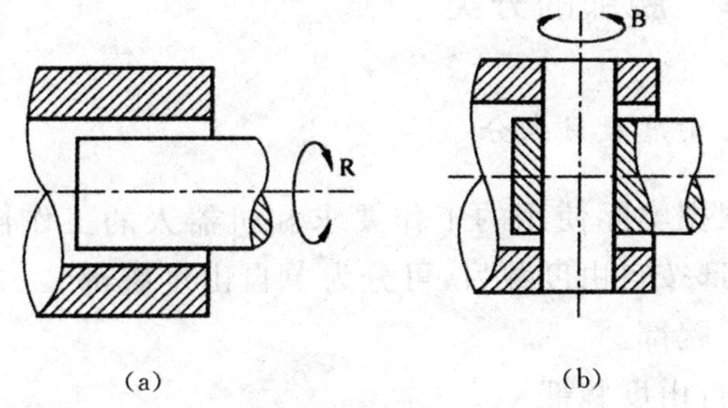

图 2-37　腕部关节的滚转和弯转

(a)滚转;(b)弯转

2. 手转

手转是指腕部的上下摆动,这种运动也称为俯仰,又称为腕部弯曲,如图 2-36(c)所示。

3. 腕摆

腕摆指机器人腕部的水平摆动,如图 2-36(b)所示。

腕部结构多为上述三个回转方式的组合,组合的方式可以有多种形式,常用腕部组合的方式有臂转—腕摆—手转结构、臂转一双腕摆一手转结构等,如图 2-38 所示。

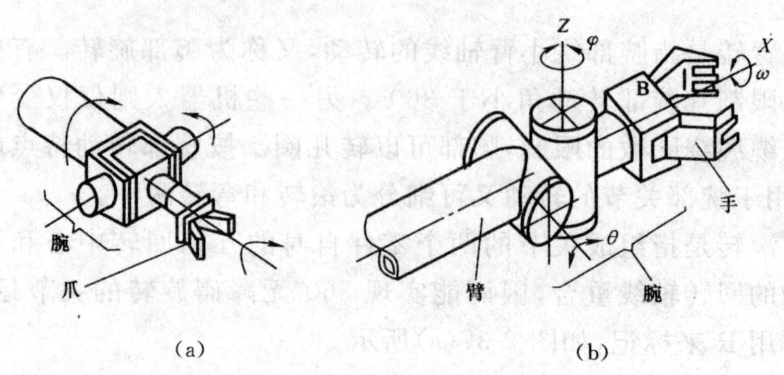

图 2-38 腕部的组合方式

(a)臂转—腕摆—手转结构;(b)臂转—双腕摆—手转结构

2.3.2 腕部的分类

1. 按自由度数目来分

腕部根据实际使用的工作要求和机器人的工作性能来确定自由度,腕部按自由度数目,可分为单自由度腕部、二自由度腕部和三自由度腕部。

(1)单自由度腕部

如图 2-39(a)所示,具有单一的臂转功能,腕部关节轴线与手臂的纵轴线共线,常回转角度不受结构限制,可以回转 360°以上。该运动用滚转关节(R 关节)实现。

如图 2-39(b)所示,具有单一的手转功能,腕部关节轴线与手臂及手的轴线相互垂直;如图 2-39(c)所示,具有单一的侧摆功能,腕部关节轴线与手臂及手的轴线在另一个方向上相互垂直,两者常回转角度都受结构限制,通常小于转 360°,该两者运动都用弯转关节(B 关节)实现。

如图 2-39(d)所示,具有单一的平移功能,腕部关节轴线与手臂及手的轴线在一个方向上成一平面;不能转动只能平移,该运动用平移关节(T 关节)实现。

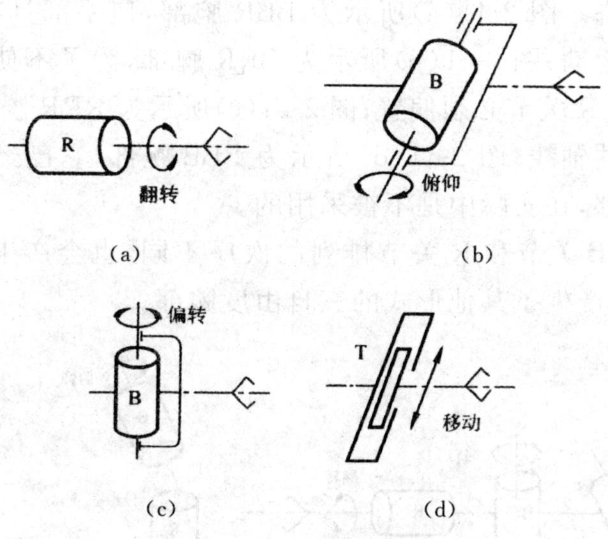

图 2-39　单自由度腕部

(a)R 腕部；(b)、(c)B 腕部；(d)T 腕部

(2)二自由度腕部

可以由一个滚转关节和一个弯转关节联合构成滚转弯转 BR 关节，实现二自由度腕部，如图 2-40(a)所示；或由两个弯转关节组成 BB 关节实现二自由度腕部，如图 2-40(b)所示；但不能由两个滚转关节 RR 构成二自由度腕部，因为两个滚转关节的功能是重复的，实际上只能起到单自由度的作用，如图 2-40(c)所示。

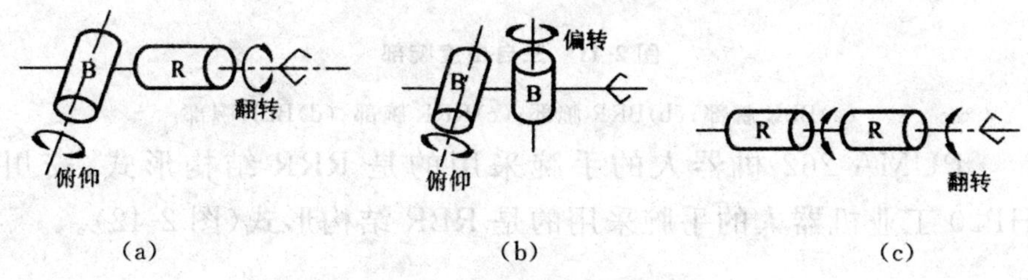

图 2-40　二自由度腕部

(a)BR 腕部；(b)BB 腕部；(c)RR 腕部

(3)三自由度腕部

三自由度腕部可以由 B 关节和 R 关节组成多种形式，实现臂转、手转和腕摆功能。事实证明，三自由度腕部能使手部取得空

间任意姿态。图 2-41(a)所示为 BBR 腕部,使手部具有俯仰、偏转和翻转运动;图 2-41(b)所示为 BRR 腕部,为了不使自由度退化,第一个 R 关节必须偏置;图 2-41(c)所示为 RRR 腕部,三个 R 关节不能共轴线;图 2-41(d)所示为 BBB 腕部,它已经退化为二自由度腕部,在实际中是不被采用的。

此外,B 关节和 R 关节排列的次序不同,也会产生不同的效果,因而也产生了其他形式的三自由度腕部。

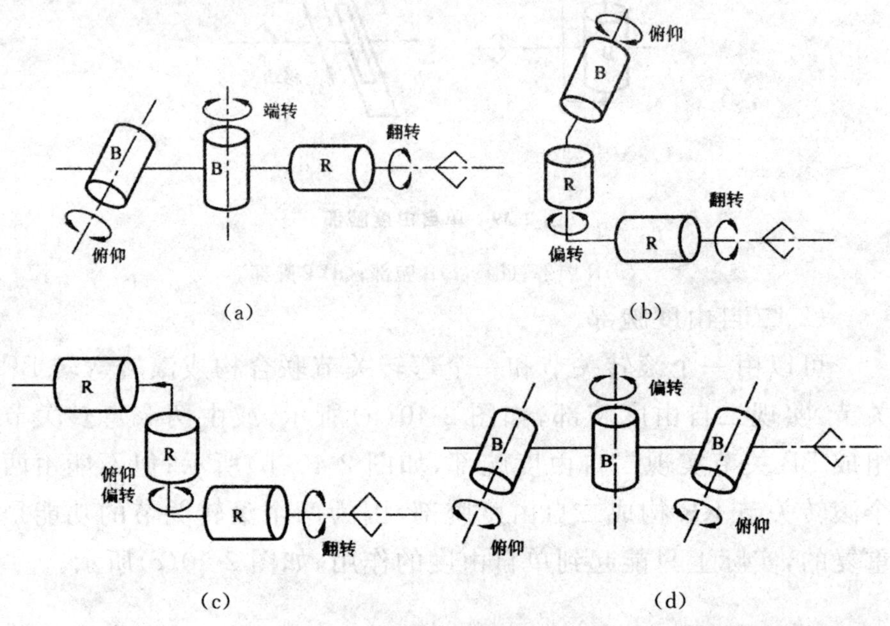

图 2-41　三自由度腕部

(a)BBR 腕部;(b)BRR 腕部;(c)RRR 腕部;(d)BBB 腕部

PUMA 262 机器人的手腕采用的是 RRR 结构形式,安川 HP20 工业机器人的手腕采用的是 RBR 结构形式(图 2-42)。

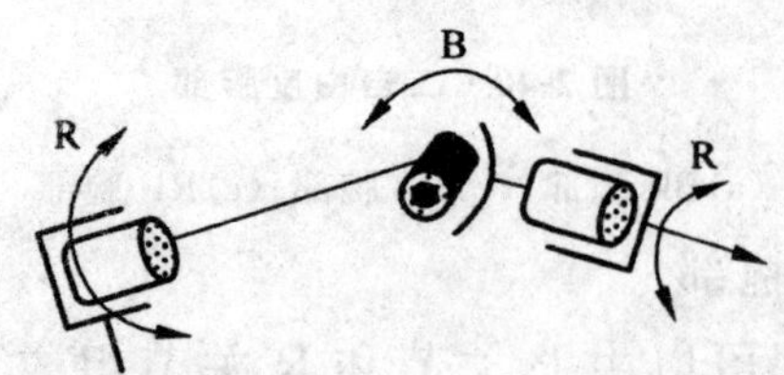

图 2-42　安川 HP20 工业机器人腕部结构形式(RBR)

2. 按驱动方式来分

(1)液压(汽)缸驱动的腕部结构

直接用回转液压(汽)缸驱动实现腕部的回转运动，具有结构紧凑、灵活等优点。如图 2-43 所示的腕部结构，采用回转液压缸实现腕部的旋转运动。当压力油从右进油孔 7 进入液压缸右腔时，便推动回转叶片 11 和回转轴 10 一起绕轴线顺时针转动；当压力油从左进油孔 5 进入液压缸左腔时，便推动转轴逆时针回转。由于手部和回转轴 10 连成一个整体，故回转角度极限值由动片、定片之间允许回转的角度来确定，图 2-43 所示液压缸可以回转＋90°和－90°。

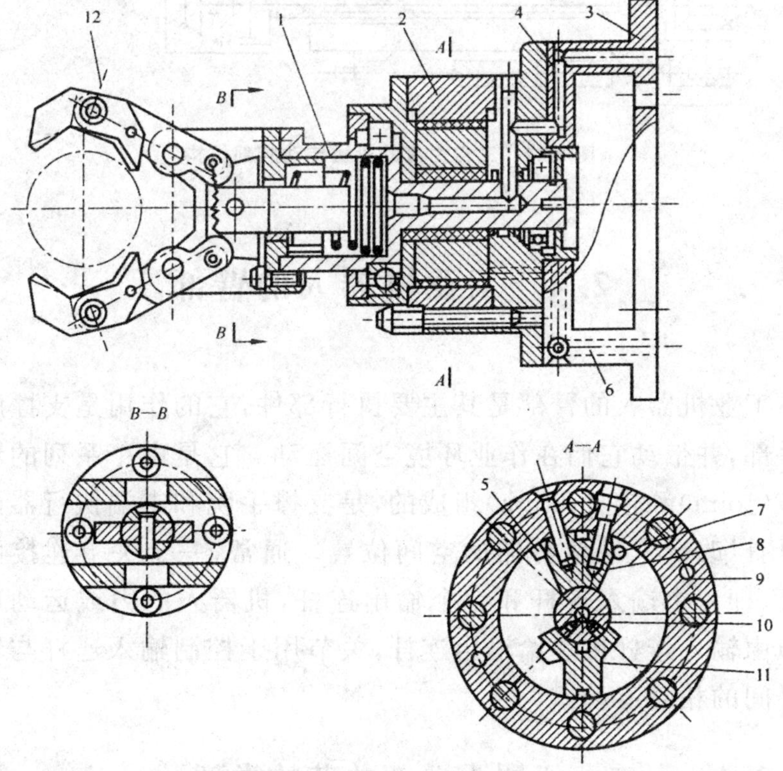

图 2-43　摆动液压缸的旋转腕

1—手部驱动位；2—周转液压缸；3—腕架；4—通向手部的油管；5—左进油孔；6—通向摆动液压缸油管；7—右进油孔；8—固定叶片；9—缸体；10—回转轴；11—回转叶片；12—手部

(2)机械传动的腕部结构

图 2-44 所示为三自由度的机械传动腕部结构,是一个具有三根输入轴的差动轮系。腕部旋转使得附加的腕部结构紧凑、重量轻。这种腕部可使手的运动灵活、适应性广。目前,它已成功地用于电焊、喷漆等通用机器人上。

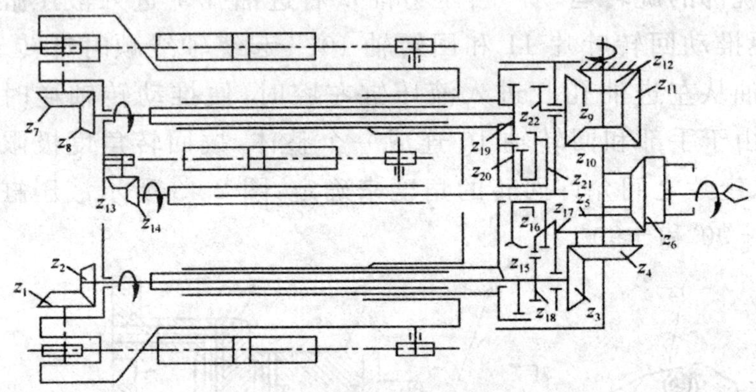

图 2-44 三自由度的机械传动腕部结构

2.4 工业机器人的臂部

工业机器人的臂部是其主要执行部件,它的作用是支撑腕部和手部,并带动它们在作业环境空间运动。它是由一系列的动力关节(Joint)和连杆(Link)组成的,是支撑手腕和末端执行器的部件,用以改变末端执行器的空间位置。通常,一个关节连接两个连杆,即一个输入连杆和一个输出连杆,机器人的力或运动通过关节由输入连杆传递给输出连杆,关节用于控制输入连杆与输出连杆间的相对运动。

2.4.1 工业机器人臂部关节的类型

工业机器人臂部关节通常可分为五种类型,其中两种为平移关节,三种为转动关节。这五种类型分别如下。

①L 形关节(线性关节):输入连杆与输出连杆的轴线平行,输入连杆与输出连杆间的相对运动为平行滑动,如图 2-45(a)所示。

②O 形关节(正交关节):输入连杆与输出连杆间的相对运动也是平行滑动,但输入连杆与输出连杆在运动过程中保持相互垂直,如图 2-45(b)所示。

③R 形关节(转动关节):输入连杆与输出连杆间做相对旋转运动,而旋转轴线垂直于输入和输出连杆,如图 2-45(c)所示。

④T 形关节(扭转关节):输入连杆与输出连杆间做相对旋转运动,但旋转轴线平行于输入和输出连杆,如图 2-45(d)所示。

⑤V 形关节(回转关节):输入连杆与输出连杆间做相对旋转运动,旋转轴线平行于输入连杆而垂直于输出连杆,如图 2-45(e)所示。

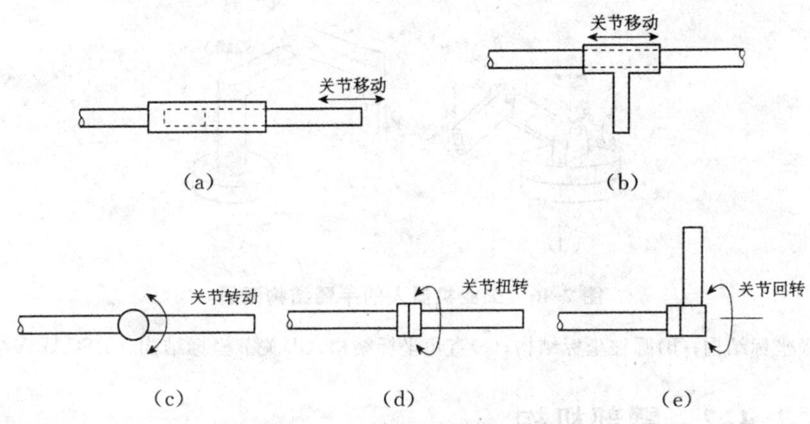

图 2-45　工业机器人臂部关节类型

由上述五种类型的工业机器人手臂关节进行不同的组合,可以形成多种不同的工业机器人结构配置,在实际应用中,为了简化,商业化的工业机器人通常仅采用下列五种结构配置之一,这五种配置正好是按坐标系划分的机器人分类。

①极坐标结构:如图 2-46(a)所示,由 T 形关节、R 形关节和 L 形关节配置组成。

②圆柱坐标结构:如图 2-46(b)所示,由 T 形关节、L 形关节

和 O 形关节配置组成。

③直角坐标结构：如图 2-46(c)所示，由一个 L 形关节和两个 O 形关节配置组成。

④关节坐标结构：如图 2-46(d)所示，由一个 T 形关节和两个 R 形关节配置组成。

⑤SCARA 结构：如图 2-46(e)所示，由 V 形关节、R 形关节和 O 形关节配置组成。

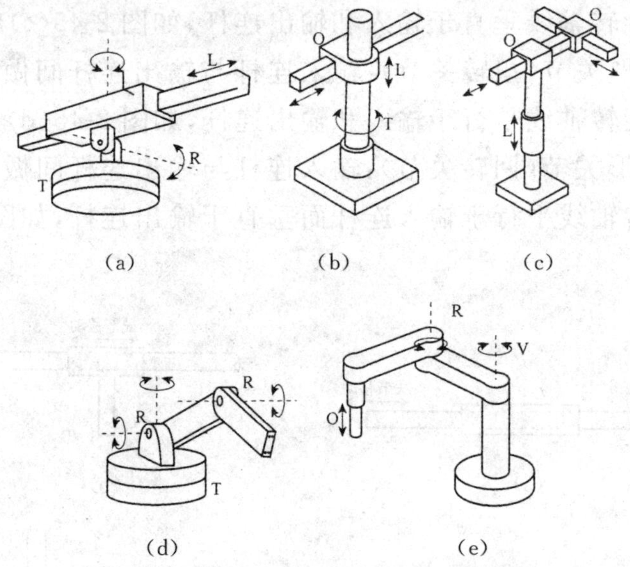

图 2-46　工业机器人的手臂结构配置

(a)极坐标结构；(b)圆柱坐标结构；(c)直角坐标结构；(d)关节坐标结构；(e)SCARA 结构

2.4.2　臂部机构

1. 臂部伸缩机构

机器人臂部的伸缩运动属于直线运动。当行程小时，采用油(汽)缸直接驱动；当行程大时，可采用油(汽)缸驱动齿条传动的倍增机构或步进电机及伺服电动机驱动，也可用丝杆螺母或滚珠丝杆传动。常用的导向装置有单导向杆和双导向杆等。

双导向杆臂部的伸缩结构如图 2-47 所示，臂部和腕部是通过连接板安装在升降液压缸的上端。由于臂部的伸缩液压缸安装在两根导向杆之间,由导向杆承受弯曲作用,活塞杆只受拉压作用,故受力简单、传动平稳、外形整齐美观、结构紧凑。

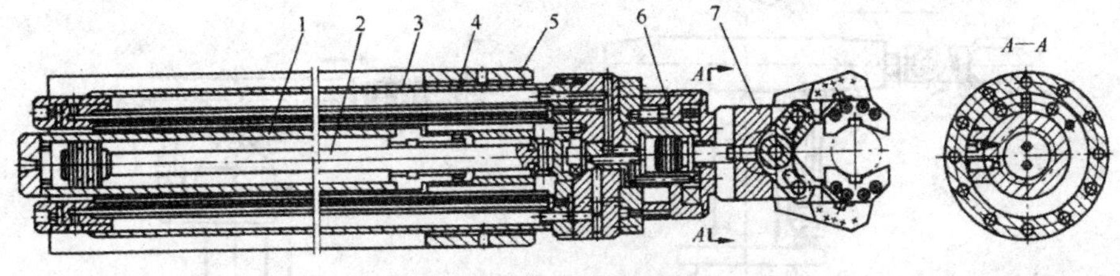

图 2-47　双导向杆臂部的伸缩结构

1—双作用液压缸;2—活塞杆;3—导向杆;4—导向套;5—支承座;6—腕部;7—手部

图 2-48 所示为采用四根导向柱的臂部伸缩结构,手臂的垂直伸缩运动由油缸 3 驱动,其特点是行程长,抓重大。工件形状不规则时,为了防止产生较大的偏重力矩,可用四根导向柱,这种结构多用于箱体加工线上。

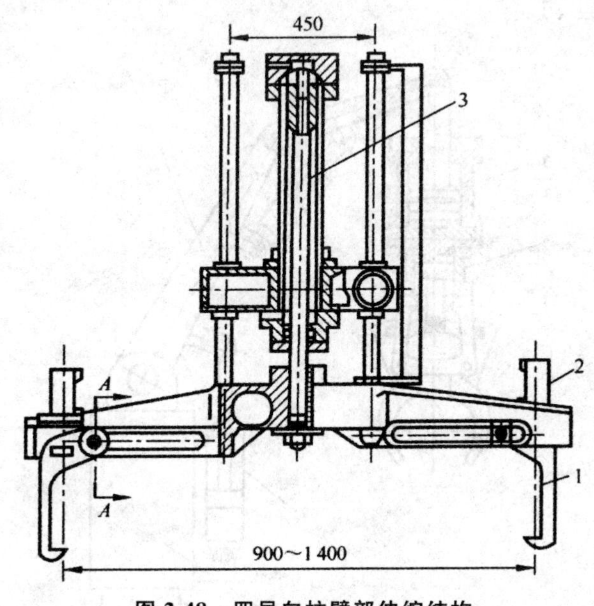

图 2-48　四导向柱臂部伸缩结构

1—手部;2—夹紧缸;3—油缸

2. 臂部俯仰机构

机器人的臂部俯仰运动一般采用活塞液压缸与连杆机构来

实现。臂部的俯仰运动所用的活塞缸位于臂部的下方，其活塞杆和臂部用铰链连接，缸体采用尾部耳环或中部销轴等方式与立柱连接，如图 2-49 所示。

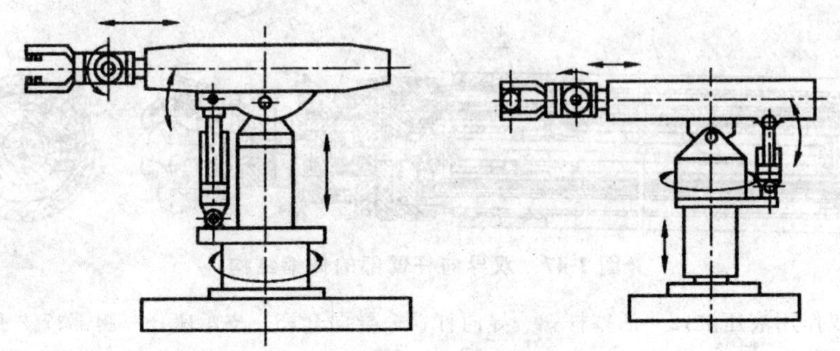

图 2-49　臂部俯仰驱动缸安装示意

图 2-50 为铰接活塞缸实现臂部俯仰的机构示意。采用铰接活塞缸 5、7 和连杆机构，使小臂 4 相对大臂 6 和大臂 6 相对立柱 8 实现俯仰运动。

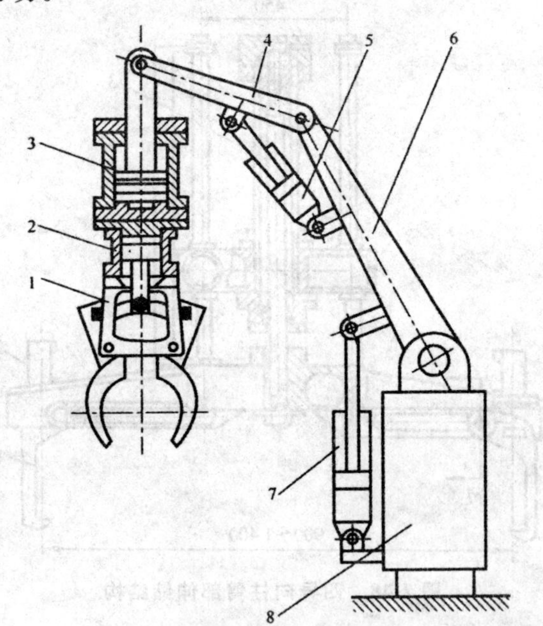

图 2-50　铰接活塞缸实现臂部俯仰的机构示意

1—手部；2—夹紧缸；3—升降缸；4—小臂；
5、7—铰接活塞缸；6—大臂；8—立柱

3. 臂部回转和升降机构

臂部升降和回转运动的结构如图 2-51 所示。活塞液压缸两腔分别进压力油，推动齿条 7 作往复移动（见 A—A 剖面），与齿条 7 啮合的齿轮 4 作往复回转运动。由于齿轮 4、臂部升降缸体 2、连接板 8 均用螺钉连接成一体，连接板又与臂部固连，因此实现臂部的回转运动。升降液压缸的活塞杆通过连接盖 5 与机座 6 连接而固定不动，升降缸体 2 沿导向套 3 作上下移动，因为升降液压缸外部装有导向套，所以刚性好、传动平稳。

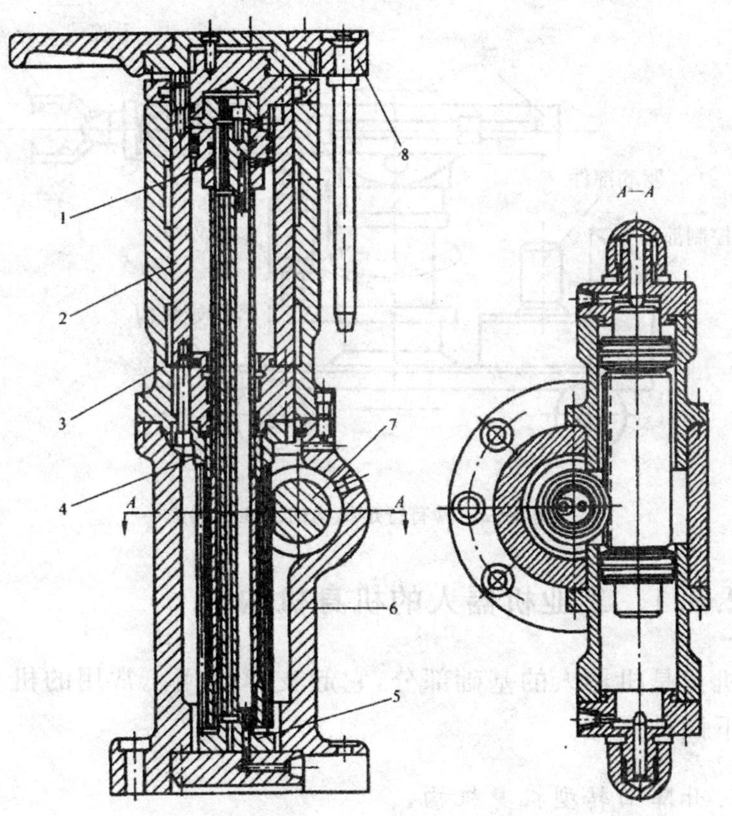

图 2-51　臂部升降和回转运动的结构

1—活塞缸；2—升降缸体；3—导向套；4—齿轮；5—连接盖；6—机座；7—齿条；8—连接板

2.5 工业机器人的机身和行走机构

工业机器人机械系统有四大部分:机身(又称为立柱)、臂部、腕部、手部。机器人必须有一个便于安装的基础件,这就是工业机器人的机座,机座往往与机身做成一体。若工业机器人是移动式的,则还有一个行走机构,如图 2-52 所示的一个工业机器人系统,包括手部、腕部、臂部、机身、行走机构等。

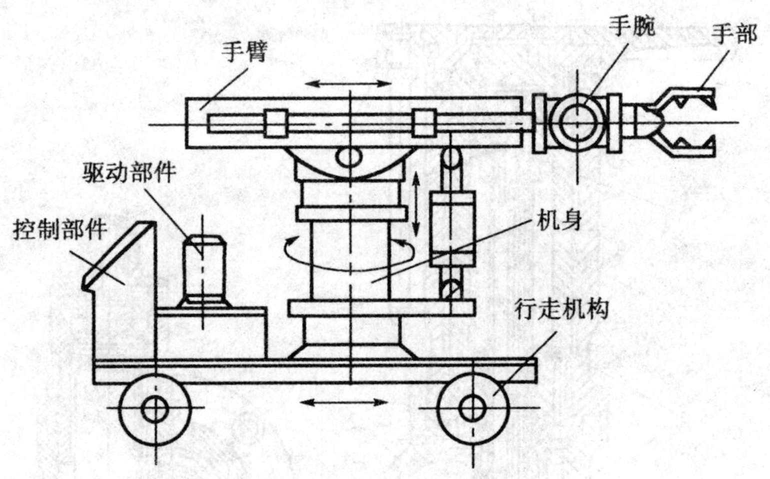

图 2-52 具有行走机构的工业机器人

2.5.1 工业机器人的机身机构

机身是机器人的基础部分,它起支撑作用。常用的机身机构有如下四种类型。

1. 升降回转型机身机构

升降回转型机身机构由实现臂部的回转和升降的机构组成,回转通常由直线液(汽)压缸驱动的传动链、蜗轮蜗杆机械传动回转轴完成;升降通常由直线缸驱动、丝杠—螺母机构驱动、直线缸驱动的连杆升降台完成。

(1)回转与升降机身结构特点

①升降油缸在下,回转油缸在上,回转运动采用摆动油缸驱动,因摆动油缸安置在升降活塞杆的上方,故活塞杆的尺寸要加大。

②回转油缸在下,升降油缸在上,回转运动采用摆动油缸驱动,相比之下,回转油缸的驱动力矩设计得大一些。

③链条链轮传动。是将链条的直线运动变为链轮的回转运动,它的回转角度可大于 360°,如图 2-53 所示。

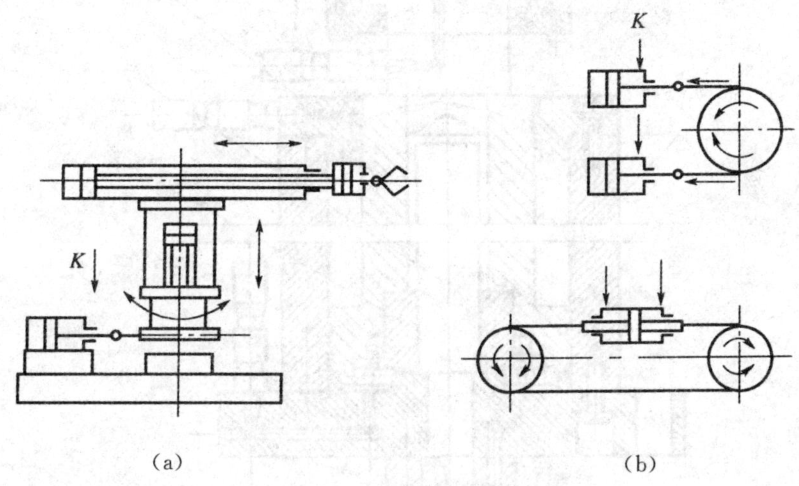

图 2-53　链条链轮传动机构

(a)单杆活塞汽缸驱动链条链轮传动机构;(b)双杆活塞汽缸驱动链条链轮传动机构

(2)回转与升降机身结构工作原理

如图 2-54 所示设计的机身包括两个运动,机身的回转和升降。机身回转机构置于升降缸之上。

手臂部件与回转缸的上端盖连接,回转缸的动片与缸体连接,由缸体带动手臂回转运动,回转缸的转轴与升降缸的活塞杆是一体的。活塞杆采用空心结构,内装一花键套与花键轴配合,活塞升降由花键轴导向。在这种结构中导向杆在内部,使得结构紧凑。

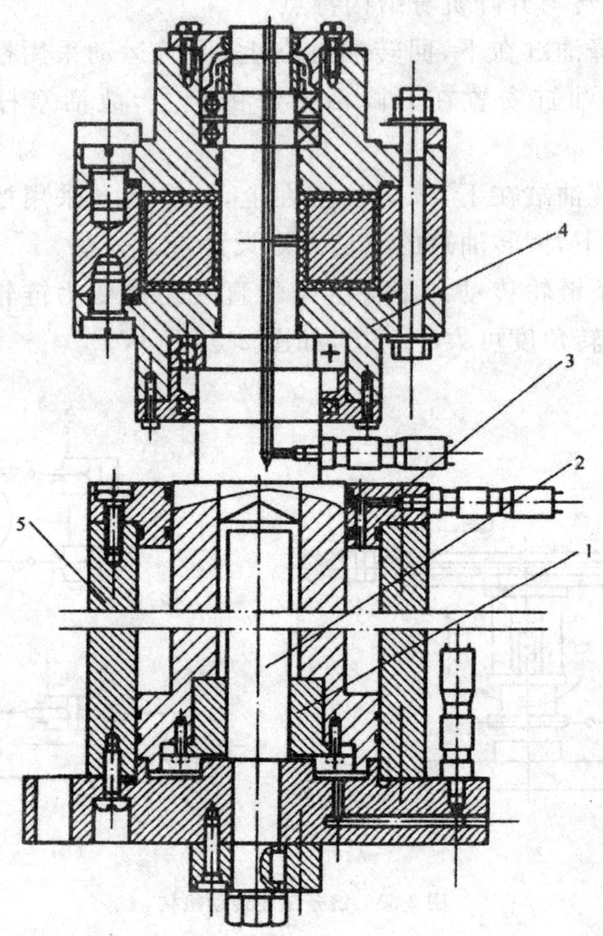

图 2-54 转升降型机身机构

1—花键轴套;2—花键轴;3—活塞;4—回转缸;5—升降缸

2. 俯仰型机身机构

俯仰型机身机构由实现手臂左右回转和上下俯仰的部件组成,它用于手臂的俯仰运动部件代替手臂的升降运动部件。俯仰运动大多采用摆式直线缸驱动。

手臂俯仰运用的活塞缸位于手臂的下方,其活塞杆和手臂用铰链连接,缸体采用尾部耳环或中部销轴等方式与立柱连接,如图 2-55 所示。

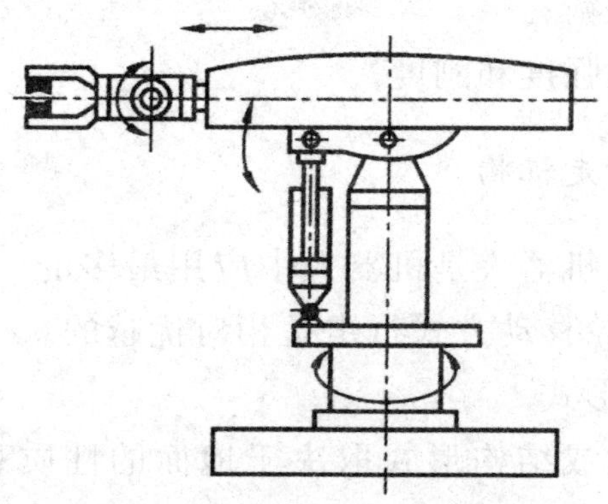

图 2-55　俯仰型机身机构

3. 直移型机身机构

直移型机身机构多为悬挂式，机身实际是悬挂手臂的横梁。为使手臂能沿横梁平移，除了要有驱动和传动机构，导轨也是一个必不可少的部件。

4. 类人机器人型机身机构

类人机器人型机身机构的机身上除了装有驱动臂部的运动装置外，还应该有驱动腿部运动的装置和腰部关节。类人机器人型机身机构的机身依靠腿部的屈伸运动来实现升降，腰部关节实现其左右和前后的俯仰和人身轴线方向的回转运动。

2.5.2　工业机器人的行走机构

行走机构按其行走运动轨迹可分为固定轨迹式和无固定轨迹式。工业机器人主要采用固定轨迹式行走机构。无固定轨迹行走方式按其行走机构的结构特点可分为轮式、履带式和步行式。

行走机构一般具备以下几个方面的特点。

①可以移动；

②自行重新定位；

③自身可平衡;

④有足够的强度和刚度。

1. 车轮式行走机构

车轮式行走机器人是机器人中应用最多的一种,在相对平坦的地面上,用车轮移动方式行走是相对优越的。

(1)车轮的形式

车轮的形状或结构形式取决于地面的性质和车辆的承载能力。在轨道上运行的多采用实心钢轮,室外路面行驶多采用充气轮胎,室内平坦地面上的可采用实心轮胎。

图 2-56 所示是不同的车轮形式。图 2-56(a)的传统车轮适合于平坦的坚硬路面;图 2-56(b)的半球形轮是为火星表面而开发的;图 2-56(c)的充气球轮适合于沙丘地形;图 2-56(d)为车轮的一种变形,称为无缘轮,用来爬越阶梯及在水田中行驶。

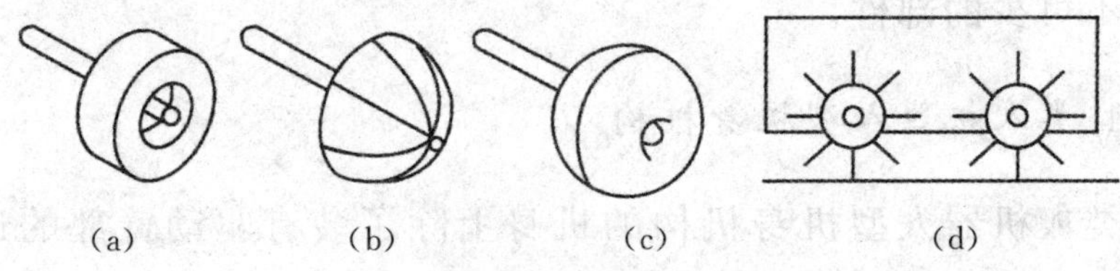

图 2-56 车轮形式

(a)传统车轮;(b)半球形轮;(c)充气球轮;(d)无缘轮

(2)车轮的配置和转向机构

图 2-57 所示为三轮车轮的配置和转向机构。其中,图 2-57(a)为后轮用两轮独立驱动,前轮为小脚轮构成辅助轮;图 2-57(b)为前轮驱动和转向,两后轮为从动轮;图 2-57(c)为后轮通过差动齿轮驱动,前轮转向。

四轮行走机构也是一种常用的配置形式。普通车轮行走机构对崎岖不平的地面适应性很差,为了提高轮式车轮的地面适应能力,设计了越障轮式机构,这种行走机构往往是多轮式行走机构。

如图 2-58 所示的火星探测用小漫游车。

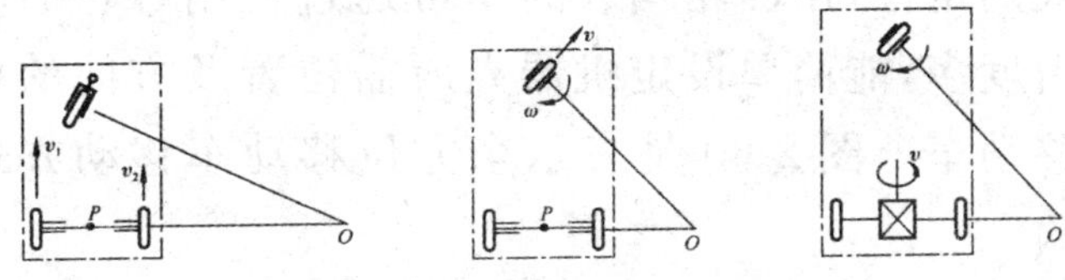

图 2-57　三轮车轮配置方式

(a)两后轮独立驱动;(b)前轮驱动和转向;(c)后轮差动,前轮转向

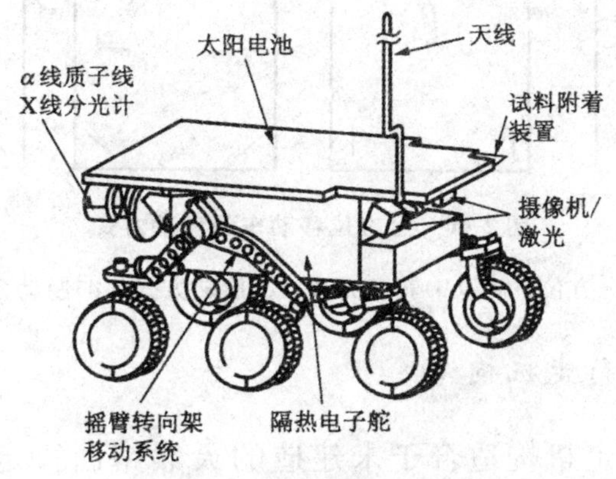

图 2-58　火星探测用小漫游车

图 2-59 是一种感应引导的车轮式行走机器人。如此配置的行走机器人可用作机床上、下料,机床间工件或工具的传送接收等。车轮式行走机器人是自动化生产由单元生产向柔性生产线乃至无人车间发展的重要设备之一。车轮式行走机构也是遥控机器人移动的一种基本方式。

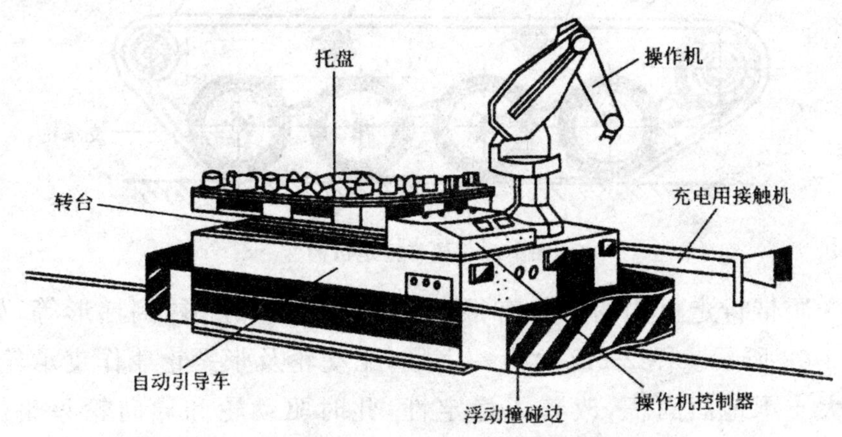

图 2-59　感应引导的车轮式行走机器人

机器人的定位,用四轮构成的车可通过控制各轮的转向角来实现。自由度多,能简单设定机器人所需位置及方向的移动车称为全方位移动车。图 2-60 是表示全方位移动车移动方式的各车轮的转向角。

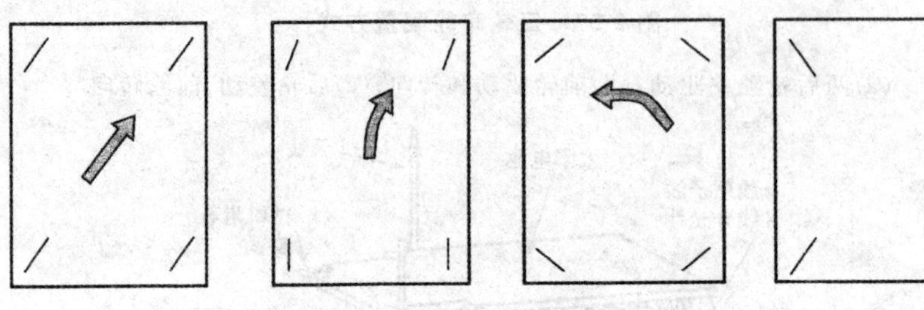

图 2-60　全方位移动车的移动方式

(a)全方位方式;(b)转弯方式;(c)旋转方式;(d)制动方式

2. 履带式行走机构

履带式行走机构适合于未建造的天然路面行走,它是轮式行走机构的拓展,履带本身起着给车轮连续铺路的作用。

(1)履带行走机构的构成

履带行走机构由履带、驱动链轮、支承轮、拖带轮和张紧轮组成,如图 2-61 所示。

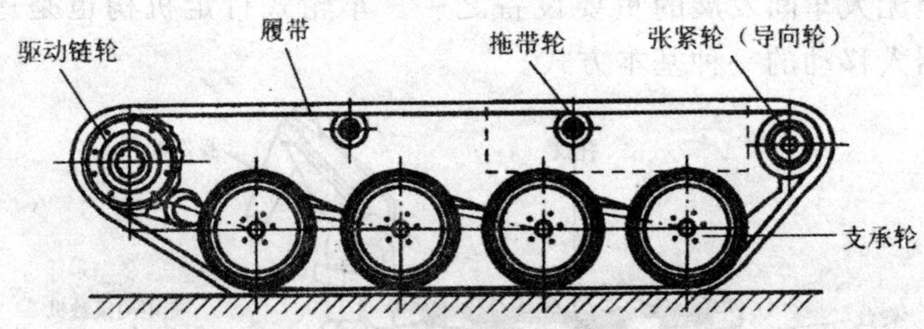

图 2-61　履带行走机构

履带行走机构的形状有很多种,主要是一字形、倒梯形等,如图 2-62 所示。图 2-62(a)为一字形,驱动轮及张紧轮兼作支承轮,增大支承地面面积,改善了稳定性,此时驱动轮和导向轮只略微高于地面。图 2-62(b)为倒梯形,其好处是适合于穿越障碍。另外，因为减少了泥土加入引起的磨损和失效，可以提高驱动轮和张紧轮的寿命。

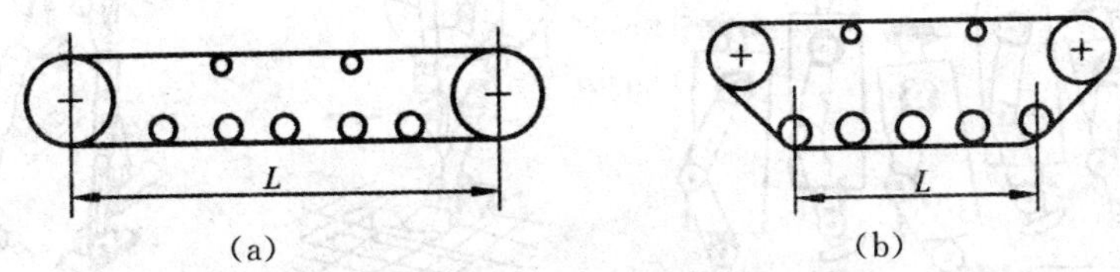

图 2-62　履带式行走机构的形状

(a)一字形；(b)倒梯形

(2)履带行走机构的特点

履带行走机构具有如下优点：

①支承面积大，接地比压小，适合于松软或泥泞场地进行作业，下陷度小，滚动阻力小。

②越野机动性好，可以在有些凹凸的地面上行走，可以跨越障碍物。

③履带支承面上有履齿，不易打滑，牵引附着性能好，有利于发挥较大的牵引力。

履带行走机构具有如下缺点：

①由于没有自定位轮及转向机构，只能依靠左右两个履带的速度差实现转弯，因此在横向和前进方面都会产生滑动。

②转弯阻力大，不能准确地确定回转半径。

③结构复杂，重量大，运动惯性大，减振功能差，零件易损坏。

3. 足式行走机构

足式行走机构有很大的适应性，尤其在有障碍物的通道(如管道、台阶)或很难接近的工作场地更有优越性；足式行走在不平地面或松软地面上的运动速度较高，能耗较少。

(1)足的数目

足的数目多，适合于重载和慢速运动。双足和四足具有最好的适应性和灵活性，也最接近人类和动物。图 2-63 显示了单足、双足、三足、四足和六足行走机构。

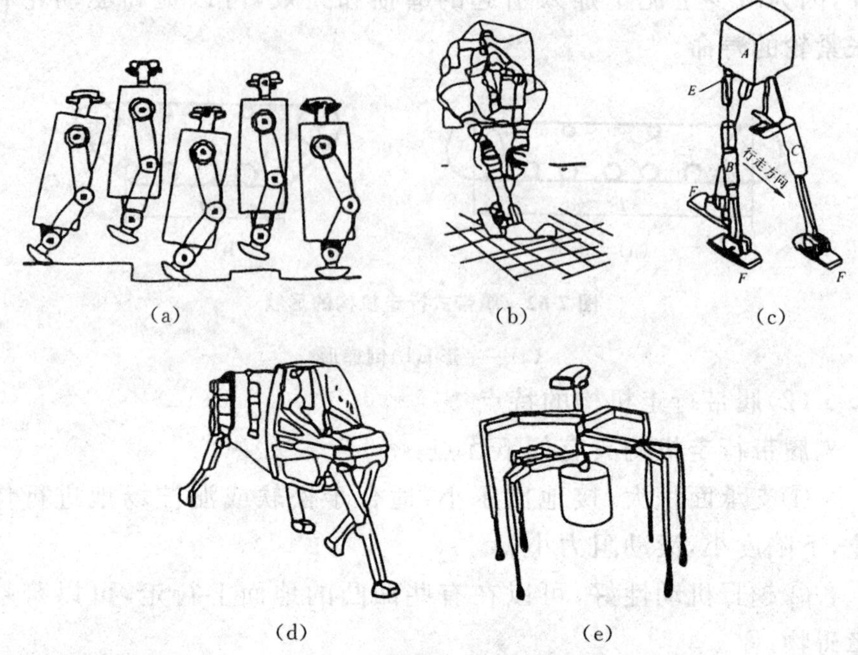

图 2-63　足式行走机器人

(a)单足跳跃机器人；(b)双足机器人；(c)三足机器人；
(d)四足机器人；(e)六足机器人

不同足数的行走机器人的主要性能指标对比如表 2-2 所示。

表 2-2　不同足数的行走机器人的主要性能指标

评价指标＼足数	1	2	3	4	5	6	7	8
保持稳定姿态的能力	无	无	好	最好	最好	最好	最好	最好
静态稳定行走的能力	无	无	无	好	最好	最好	最好	最好
高速静态稳定行走能力	无	无	无	有	好	最好	最好	最好
动态稳定行走的能力	有	有	最好	最好	最好	好	好	好
用自由度数衡量的机械结构的简单性	最好	最好	好	好	好	有	有	有

(2)足的配置

在假设足的配置为对称的前提下，四足或多于四足的配置可能有两种：一种是正向对称分布，如图 2-64(a)所示，即腿的主平面与行走方向垂直；另一种为前后向对称分布，如图 2-64(b)所示，即腿平面和行走方向一致。

足在主平面内的几何构形分别为哺乳动物形[见图 2-65(a)]、爬行动物形[见图 2-65(b)]和昆虫形[见图 2-65(c)]。

足的相对弯曲方向分别如图 2-66(a)所示的内侧相对弯曲、如图 2-66(b)所示的外侧相对弯曲及如图 2-66(c)所示的同侧弯曲。不同的安排对稳定性有不同的影响。

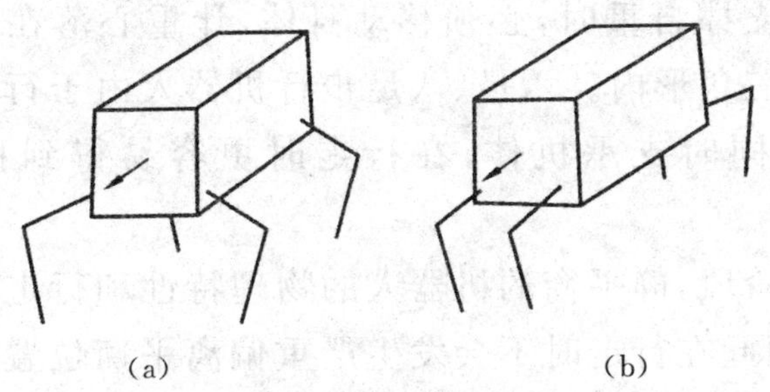

图 2-64　足的主平面的安排

(a)正向对称分布；(b)前后向对称分布

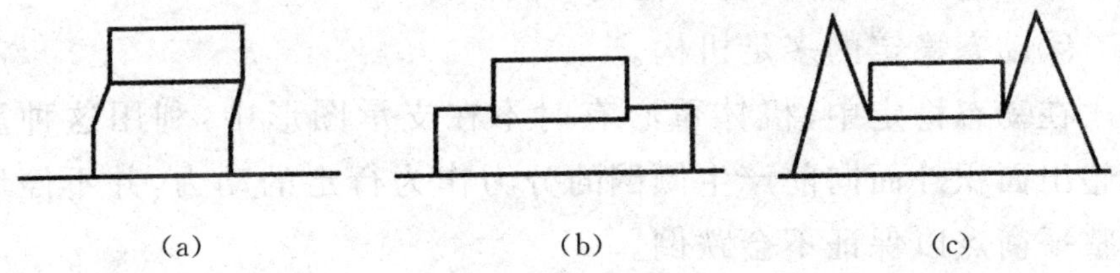

图 2-65　足的几何构形

(a)哺乳动物形；(b)爬行动物形；(c)昆虫形

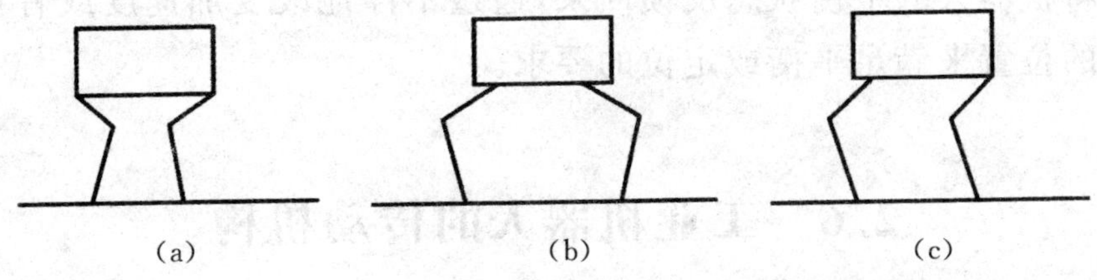

图 2-66　足的相对方位

(a)内侧相对弯曲；(b)外侧相对弯曲；(c)同侧弯曲

(3)足式行走机构的平衡和稳定性

足式行走机构按其行走时保持平衡方式的不同可分为两类:静态稳定的多足机构和动态稳定的多足机构。

①静态稳定的多足机构。

机器人机身的稳定通过足够数量的足支承来保证。在行走过程中,机身重心的垂直投影始终落在支承足着落地点的垂直投影所形成的凸多边形内。

四足机器人在静止状态是稳定的,它在步行时,一只脚抬起,另外三只脚支撑自重时,必须移动身体,让重心落在三只脚接地点所组成的三角形内。六足、八足步行机器人由于行走时可保证至少有三足同时支承机体,在行走时更容易得到稳定的重心位置。

在设计阶段,静平衡的机器人的物理特性和行走方式都经过认真协调,因此在行走时不会发生严重偏离平衡位置的现象。为了保持静平衡,机器人需要仔细考虑机器足的配置。保证至少同时有三个足着地来保持平衡,也可以采用大的机器足,使机器人重心能通过足着地面,易于控制平衡。

②动态稳定的多足机构。

在动态稳定中,机体重心有时不在支承图形中,利用这种重心超出面积外而向前产生倾倒的分力作为行走的动力,并不停地调整平衡点以保证不会跌倒。

双足行走和单足行走有效地利用了惯性力和重力,利用重力使身体向前倾倒来向前运动。这就要求机器人控制器必须不断地将机器人的平衡状态反馈回来,通过不停地改变加速度或者重心的位置来满足平衡或定位的要求。

2.6 工业机器人的传动机构

在工业机器人中,减速器是连接机器人动力源和执行机构的中间装置，是保证工业机器人实现到达目标位置的精确度的核心部件。

2.6.1　工业机器人的谐波减速器

谐波减速器是利用行星轮传动原理发展起来的一种新型减速器，是依靠柔性零件产生弹性机械波来传递动力和运动的一种行星轮传动。谐波减速器由固定的内齿刚轮、柔轮和使柔轮发生径向变形的波发生器三个基本构件组成。该减速器广泛用于航空、航天、工业机器人、机床微量进给、通信设备、纺织机械、化纤机械、造纸机械、差动机构、印刷机械、食品机械和医疗器械等领域。

谐波齿轮传动由刚性齿轮、谐波发生器和柔性齿轮三个主要零件组成，如图2-67所示。转动时，柔性齿轮的椭圆形端部只有少数齿与刚性齿轮啮合，只有这样，柔性齿轮才能相对于刚性齿轮自由地转过一定的角度。通常刚性齿轮固定，谐波发生器作为输入端，柔性齿轮与输出轴相连。

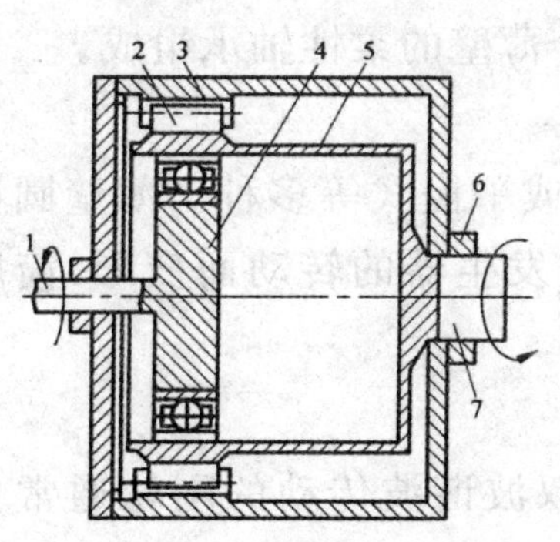

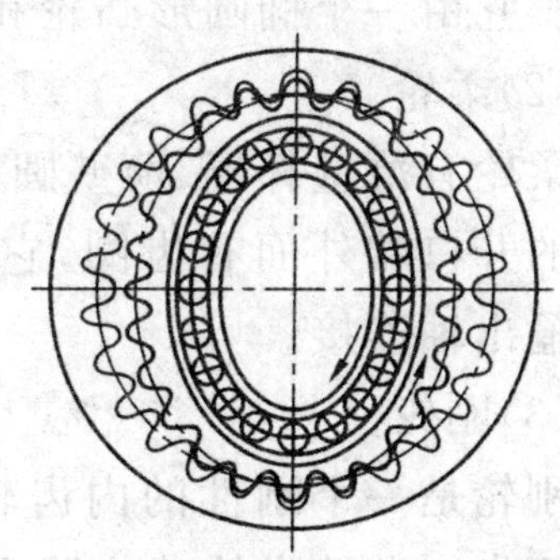

图2-67　谐波齿轮传动

1—输入轴；2—柔性外齿圈；3—刚性内齿圈；4—谐波发生器；5—柔性齿轮；6—刚性齿轮；7—输出轴

谐波齿轮传动比计算公式为

$$i=\frac{z_2-z_1}{z_2}$$

式中，z_1 为柔性齿轮的齿数；z_2 为刚性齿轮的齿数。

1. 谐波减速器的结构

如图 2-68 所示，谐波减速器由具有内齿的刚轮、具有外齿的柔轮和波发生器组成。通常波发生器为主动件，而刚轮和柔轮之一为从动件，另一个为固定件。

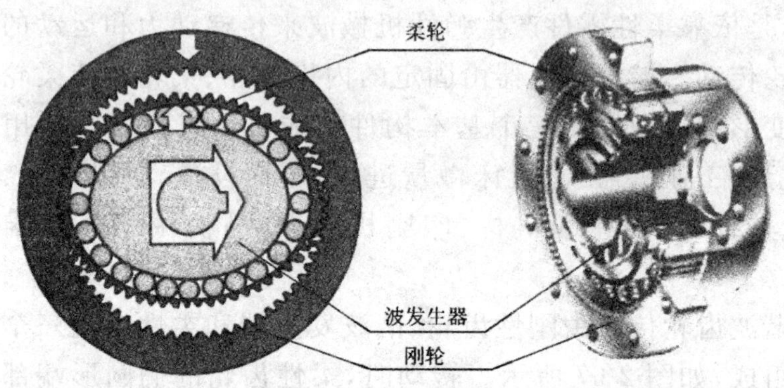

图 2-68 谐波减速器的结构

(1)波发生器

波发生器与输入轴相连，对柔轮齿圈的变形起产生和控制的作用。它由一个椭圆形凸轮和一个薄壁的柔性轴承组成。

(2)柔轮

柔轮有薄壁杯形、薄壁圆筒形或平嵌式等多种。薄壁圆筒形柔轮的开口端外面有齿圈，它随波发生器的转动而变形，筒底部分与输出轴连接。

(3)刚轮

刚轮是一个刚性的内齿轮。双波谐波传动的刚轮通常比柔轮多两齿。谐波齿轮减速器多以刚轮固定，外部与箱体连接。

2. 谐波减速器的工作原理

波发生器通常是椭圆形的凸轮，将凸轮装入薄壁轴承内，再将它们装入柔轮内。此时柔轮由原来的圆形变成椭圆形，椭圆长轴两端的柔轮与刚轮轮齿完全啮合，形成啮合区。在波发生器长轴和短轴之间的柔轮齿，有的逐渐退出刚轮齿间，处在半脱开状态，称为啮出；有的逐渐进入刚轮齿间，处在半啮合状态，称为啮入。波发生器在柔轮内转动时，迫使柔轮产生连续的弹性变形，波发生器的连续转动使柔轮齿循环往复地进行啮入—啮合—啮出—脱开这四种状态，不断改变各自原来的啮合状态，如图 2-69 所示。

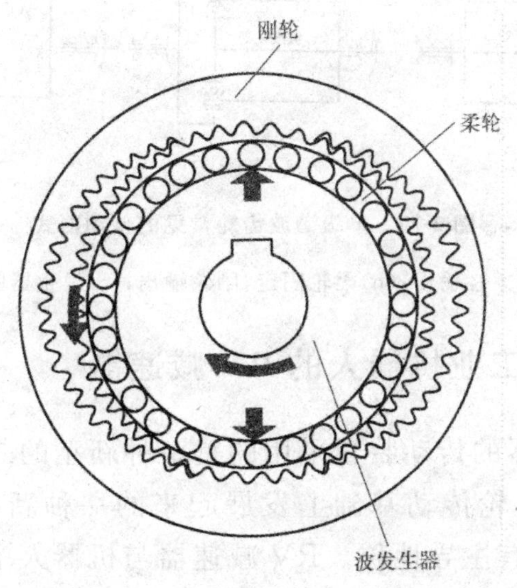

图 2-69　谐波减速器的工作原理

3. 谐波减速器的传动形式

单级谐波齿轮常见的传动形式如图 2-70 所示。

(1)刚轮固定，柔轮输出

刚轮固定不变，以波发生器为主动件，柔轮为从动件，如图 2-70(a)所示。该输出形式结构简单，传动比范围较大，效率较高，应用广泛，传动比 $i=75\sim500$。

(2)柔轮固定，刚轮输出

波发生器主动，单级减速，如图 2-70(b)所示。该输出形式结构简单，传动比范围较大，效率较高，可用于中小型减速器，传动比 $i=75\sim500$。

(3)波发生器固定，刚轮输出

柔轮主动，单级微小减速，如图 2-70(c)所示。该输出形式传动比准确，适用于高精度微调传动装置，传动比 $i=1.002\sim1.015$。

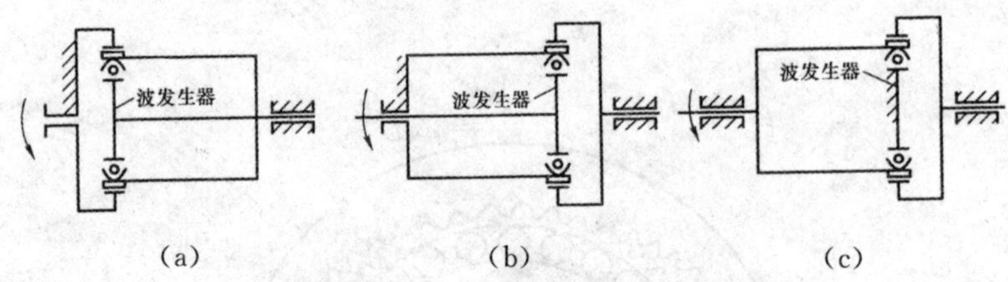

图 2-70 单级谐波齿轮常见的传动形式

(a)刚轮固定，柔性输出；(b)柔轮固定，刚轮输出；(c)发生器固定，刚轮输出

2.6.2 工业机器人的 RV 减速器

RV 减速器的传动装置采用的是一种新型的二级封闭行星轮系，是在摆线针轮传动基础上发展起来的一种新型传动装置，在机器人领域占有主导地位。RV 减速器与机器人中常用的谐波减速器相比，具有较高的疲劳强度、刚度和寿命，而且回差精度稳定，不像谐波减速器那样随着使用时间增长，运动精度显著降低，因此世界上许多高精度机器人传动装置多采用 RV 减速器。

1. RV 减速器的特点

①传动比范围大，传动效率高。
②扭转刚度大，远大于一般摆线针轮减速器的输出机构。
③在额定转矩下，弹性回差误差小。
④传递同样转矩与功率时，RV 减速器较其他减速器体积小。

2. RV 减速器的结构

与谐波减速器相比，RV 传动不仅具有较高的疲劳强度、刚度及较长的寿命，而且回差精度稳定。不像谐波传动，随着使用时间的增长，运动精度就会显著降低，故高精度机器人传动多采用

RV 减速器，且有逐渐取代谐波减速器的趋势。图 2-71 所示为 RV 减速器结构示意图，主要有太阳轮、行星轮、转臂（曲柄轴）、摆线轮（RV 齿轮）、针齿、刚性盘与输出盘等零部件组成。

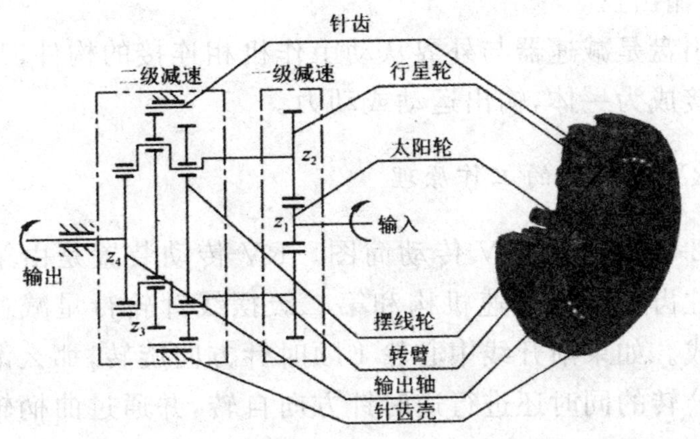

图 2-71　RV 减速器结构示意

（1）太阳轮

太阳轮又称为中心轮，用来传递输入功率，且与渐开线行星轮互相啮合。

（2）行星轮

与曲柄轴固连，均匀分布在一个圆周上，起功率分流的作用，将齿轮轴输入的功率分流传递给摆线轮行星机构。

（3）曲柄轴

曲柄轴是摆线轮的旋转轴。它的一端与行星轮相连接，另一端与支承圆盘相连接。既可以带动摆线轮产生公转，也可以使摆线轮产生自转。

（4）摆线轮

为了在传动机构中实现径向力的平衡，一般要在曲柄轴上安装两个完全相同的摆线轮，且两摆线轮的偏心位置相互成 180°。

（5）针轮

针轮上安装有多个针齿，与壳体固连在一起，统称为针轮壳体。

(6)刚性盘

刚性盘是动力传动机构,其上均匀分布轴承孔,曲柄轴的输出端通过轴承安装在这个刚性盘上。

(7)输出盘

输出盘是减速器与外界从动工作机相连接的构件,与刚性盘相互连接成为一体,输出运动或动力。

3. RV 减速器的工作原理

图 2-72 所示为 RV 传动简图。RV 传动装置是由第一级渐开线圆柱齿轮行星减速机构和第二级摆线针轮行星减速机构两部分组成。如果渐开线中心轮 1 顺时针方向旋转,那么渐开线行星轮在公转的同时还进行逆时针方向自转,并通过曲柄轴带动摆线轮进行偏心运动。同时通过曲柄轴将摆线轮的转动等速传给输出机构。

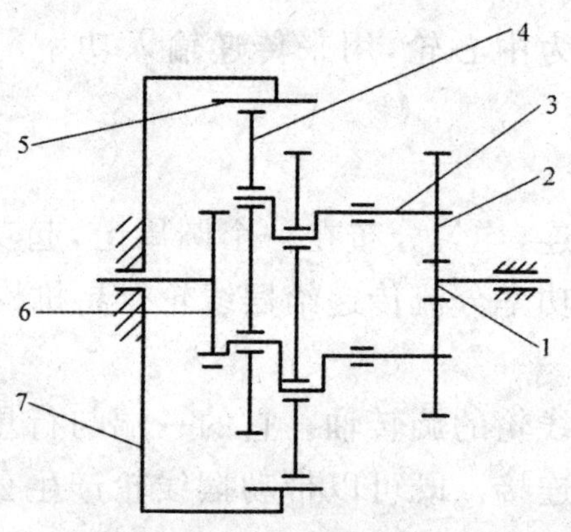

图 2-72　RV 传动简图

1—渐开线中心轮;2—渐开线行星轮;3—曲柄轴;4—摆线轮;
5—针齿;6—输出盘;7—针齿壳(机架)

2.7　工业机器人机械系统实例

图 2-73 是广州圆大智能设备有限公司的 YDRB3-B 工业机

器人的机械系统示意图，该工业机器人的机械系统主要由机身、手臂、手腕、手部四部分组成，手部可根据作业对象的不同进行更换，如可换成气动夹持式手爪、吸盘式手爪等。

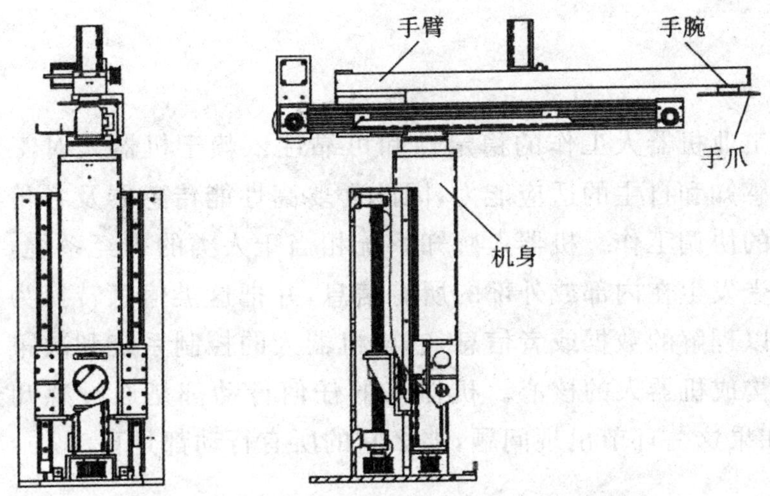

图 2-73　YDRB3-B 工业机器人的机械系统示意图

第3章　工业机器人的感知技术

工业机器人工作的稳定性和可靠性依赖于机器人对工作环境的感知和自主的适应能力，因此需要高性能传感器及各传感器之间的协调工作。机器人感知系统相当于人类的神经系统，它能够感受发生在内部或外部的所有信息，并把这类信息转换为机器人可以理解的数据或者信息，它与机器人的控制系统和决策系统共同构成机器人的核心。机器人的任何行动都是通过感知开始的，如果这一环节出现问题，那么它的所有行动都是盲动。

3.1　工业机器人的感知技术概述

机器人感知系统通常由多种传感器或视觉系统组成。第一代具有计算机视觉和触觉能力的工业机器人是由美国斯坦福研究所研制成功的。目前，构成机器人感知和控制的传感器种类繁多，具体包括视觉、听觉、触觉、力觉、接近觉及平衡觉等类型传感器。

传感器的作用是为了给机器人系统输入信息提供方便，由这些传感器收集到的“感觉”外部环境的系统就构成了机器人的感知系统，它能够将机器人的内部状态信息诸如位置、姿势和外部环境信息转化为机器人可以理解和运行的语言或程序。其物理构成可能以独立形态存在，也可能是以机器人系统其他模块集成在一起的形态存在，包括各种机器人传感器的物理接口、机器人系统网络接口、机器人传感器或机器人传感器节点互操作协议、各种感知模块模型、机器人传感器应用接口以及用户应用接口。

对于不同的传感器,工作原理虽各不相同,但无论是哪种原理的传感器,最后都需要将被测信号转换为电阻、电容或电感等电量信号,经过信号处理变为计算机能够识别、传输的信号。执行器则需要将控制数字信号转化为电流、电压信号。

3.1.1　人与机器人的感官

机器人是人类的“翻版”,要想研究机器人就该从研究人类开始。通过考察人类的劳动发现,人类之所以能够感知外界是由于人类具有五种基本的感觉系统,即视觉系统、听觉系统、嗅觉系统、味觉系统和触觉系统。这些系统收集的信息传递给大脑,大脑对这些信息进行深加工处理,并发出相应的动作指令。在机器人系统中,可以将计算机看作人类的大脑,机器人本体看作是人类的肌体,机器人的外部传感器看成是人类的五官。也可以理解为计算机是模拟人类大脑的指挥中心,传感器是模拟人体五官的感觉中心,执行机构是人体的四肢和外延。

3.1.2　机器人的感觉

要使机器人实现智能化,对外界环境能够作出及时的反应,首先,机器人必须具备感知环境的能力,其次是如何实现将多个传感器采集的信息加以综合处理。因此,传感器和其信息处理系统是机器人智能的重要组成部分,它为机器人智能操作提供决策依据。

(1)视觉

视觉系统是机器人最重要的传感器之一,其发展十分迅速。机器视觉最先用来处理积木世界,后来发展到处理现实世界,最后更为实用的视觉系统出现。通常可将视觉的形成分为三个过程,即图像的获取、图像的处理和图像的理解,图像的获取和图像的处理都获得了巨大的进步,图像的理解还处于初级阶段。

(2)听觉

到目前为止,机器人的听觉与具有接近人耳的功能还相差很远。

(3)嗅觉

机器人的嗅觉用于检测空气中的化学成分、浓度等,主要采用气体传感器(气体成分分析仪)及射线传感器等。

(4)味觉

机器人的味觉用于对液体化学成分进行分析。实现味觉的传感器有 pH 计、化学成分分析仪等。

(5)触觉

触觉作为视觉的补充,触觉能够感知到物体的表面属性,如硬度、粗糙度、柔软度和导热性能等。

(6)力觉

力是衡量物体重量的物理量,就机器人而言,力觉传感器可分为关节力传感器、腕力传感器和指力传感器。

(7)接近觉

研究接近觉的目的是使机器人在移动或操作过程中获取目标(障碍)物的接近程度,可以实现避障,避免末端执行器对目标物由于接近速度过快造成的冲击。

3.2 工业机器人传感器的种类与选择

3.2.1 工业机器人的传感器的分类

传感器的使用是目前机器人研究中最为炙热的话题之一,一方面传感器提高了机器人的综合性能,为更具智能的机器人诞生准备了充分的条件。另一方面,目前落后的传感器生产技术严重阻碍了机器人的发展。传感器技术与人工智能技术将是制约机器人发展的两大主要因素,其中传感器技术还直接影响了人工智能的模型结构。

目前智能传感器受到人们的极大关注，所谓智能传感器就是集信息监测、信息处理、信息记忆、逻辑思维和判断功能于一身的传感器。这类传感器不但拥有传统传感器的所有功能，还能够实现数据处理、故障诊断、非线性处理等多种功能。它是微型计算机和传感器相结合的产物。

机器人传感器是一种能将目标物的外在特性转化为信号的装置。它包括敏感元件、含微处理器的变换电路以及把这两者结合在一起的机械结构。传感器让机器人能够模拟人类的各项活动，如图 3-1 所示为机器人传感器的运行过程。机器人的工作原理可理解为：传感器将目标物的外在特征经过参数化并转化为电信号，电信号经过辨别和提取转变为控制信号，最后利用控制信号去操控机器人的动作。

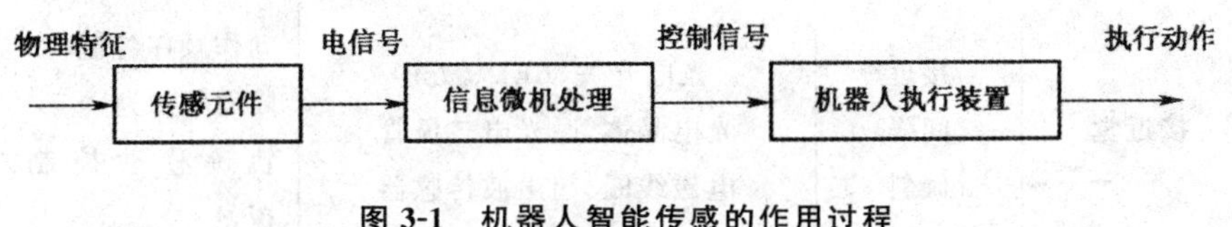

图 3-1　机器人智能传感的作用过程

根据机器人传感器检测对象的不同可分为内部传感器和外部传感器。

内部传感器：用来检测机器人本身状态（如温度、压力、电源状态、加速度、倾角、肢体夹角）的传感器，多为检测位置和角度的传感器。

外部传感器：是为了测量机器人所处的外部环境的设备，外部传感器所测量的范围包括机器人所处的环境（目标识别、与目标物的距离）以及状况（物体的抓紧状态、任务的完成进度等）。

根据功能的不同可以分为视觉传感器、触觉传感器、接近觉传感器、听觉传感器、嗅觉传感器和味觉传感器。如表 3-1 所示。

表 3-1　传感器的分类

传感器类型	检测内容	检测器件	具体应用
视觉	距离 形状 缺陷 平面位置	测距器 线图像传感器 画图像传感器 ITV 摄像机、位置传感器	移动控制 物体识别、判别 检查、异常检测 位置决定、控制
触觉	接触 把握力 荷重 分布压力 多元力 力矩 滑动	限制开关 应变计、半导体感压元件 弹簧变位测量器 导电橡胶、感压高分子材料 应变计、半导体感压元件 压阻元件、马达电流计 光学旋转检测器	动作顺序控制 把握力控制 张力控制、指压控制 姿势、形状判别 装配力控制 协调控制 滑动判定、力控制
接近觉	接近 间隔 倾斜	光电开关、LED、激光 光电晶体管、光电二极管 电磁线圈、超声波传感器	动作顺序控制 障碍物躲避 轨迹移动控制、探索
听觉	声音 超声波	麦克风 超声波传感器	语言控制 （人机接口） 移动控制
嗅觉	气体成分	气体传感器、射线传感器	化学成分探测
味觉	味道	离子敏感器、pH 计	化学成分探测

3.2.2　工业机器人传感器的选择

通常，工业机器人的工作性质不同，所选用的传感器也不同。下面是工业生产中根据不同的需求选择传感器的一般要求。

1. 根据机器人对传感器的需求来选择

根据不同的需求，工业机器人对传感器有如下要求：

①精度高，重复性好。

②稳定性好,可靠性高。

③抗干扰能力强。

④质量轻,体积小,安装方便可靠。

⑤价格便宜。

2. 根据加工任务的要求来选择

在现代工业中,机器人被用于执行各种加工任务,其中比较常见的加工任务有物料搬运、装配、喷漆、焊接、检验等。不同的加工任务对机器人传感器提出不同的要求。

3. 根据机器人控制的要求来选择

例如,机器人控制需要采用传感器检测机器人的运动位置、速度、加速度等。另外,根据辅助工作要求(如产品检验)和工件的准备来选择机器人传感器;根据安全方面的要求来选择机器人传感器。

3.3　常用工业机器人的传感器

1. 超声波传感器

超声波传感器是一种常用的利用声学原理来观测目标物距离的传感器,其测量范围一般是从厘米到米。其工作原理可概括为:超声波传感器先发送一段超声波脉冲,超声波到达目标物后沿原路反射,在它接收到反射回的声波后会向控制器返回一个脉冲,测量该脉冲的高电平持续时间即可算得离前方物体的距离。如图 3-2 所示为超声波传感器。超声波最大的特点是其穿透力强,尤其是在不透明的固体中,它可以穿透到几十米的深度。超声波传感器是将声学原理完美地应用于机器人的典型,其在国防、军工、生物医学等领域都有广泛应用。

图 3-2 超声波传感器

2. 温度传感器

利用物质随温度变化而发生某些物理变化的特性，可以将变化的温度作为参考的指标，并通过电量输出的传感器就是温度传感器。如图 3-3 所示为温度传感器的核心部件。温度传感器种类繁多，按不同的测量方式将温度传感器分为接触式和非接触式两种，按照传感器材料的不同又可分为热电阻和热电偶两类。

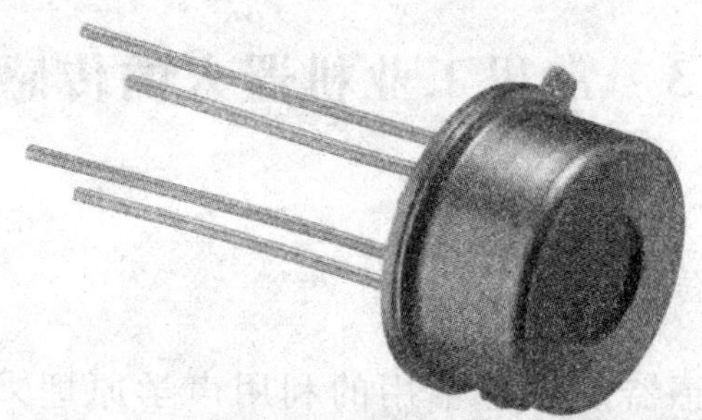

图 3-3 温度传感器

3. 边线检测传感器

边线检测传感器的工作原理是利用光电接收管来探测它下面的表面反射光强度的传感器。它是根据表面光强度的不同而导致传感器输出的变化来实现检测的。边线检测传感器如图 3-4 所示。

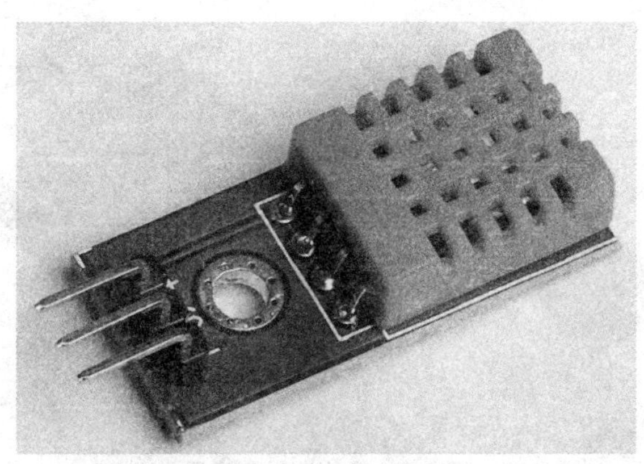

图 3-4　边线检测传感器

4. 红外测距传感器

红外测距传感器的工作原理是红外线信号遇到障碍物而发生反射，距离不同其反射的强度也不同，从而实现障碍物距离的测定。红外线测距传感器有一对红外线信号发射与接受的二极管，发射管负责发射特定频率的红外信号，接收管负责接收这种频率的红外信号。一旦目标方向发生故障，接收管接到反射回来的红外信号，经过处理之后，通过数字传感器接口返回到机器人主机，机器人即可利用红外的返回信号来识别周围环境的变化。红外测距传感器和红外发射传感器分别如图 3-5 和图 3-6 所示。

图 3-5　红外测距传感器

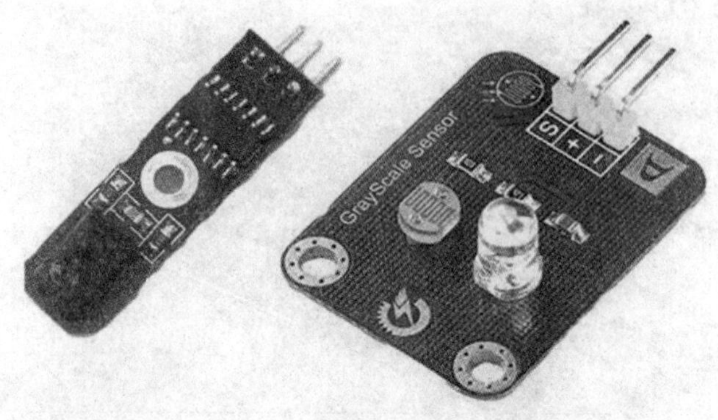

图 3-6　红外发射传感器

5. 颜色传感器

颜色传感器的工作原理是将检测物的颜色同标准颜色作对比,将最终的在误差范围内的结果作为信号输出。如图 3-7 所示为颜色传感器。

图 3-7　颜色传感器

6. 激光传感器

所谓激光传感器就是利用激光技术进行测量的传感器。它由激光器、激光检测器和测量电路组成。激光传感器的优点是信号稳定、精度高、测量距离远、抗干扰能力强等特点,激光传感器如图 3-8 所示。

图 3-8　激光传感器

7. 缓冲传感器

缓冲传感器可增加步行机器人的智能化程度，主要用于检测位置较低平的、红外传感器检测不到的物体，缓冲传感器采用两种颜色(红、绿)的指示灯来指示状态，其中红灯表示引脚碰到物体，绿灯表示没碰到物体。缓冲传感器如图 3-9 所示。

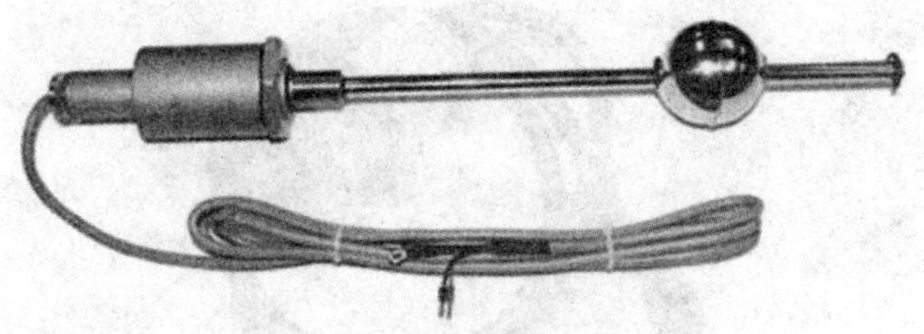

图 3-9　缓冲传感器

8. 光线传感器

光线传感器是基于半导体的光电效应原理所开发的，可用来对周围环境中光的强度进行检测，结合各种单片机控制器或者控制器可实现光的测量、光的控制和光电转换等功能。光线传感器如图 3-10 所示。

图 3-10 光线传感器

9. 红外避障传感器

红外避障传感器是一种集发射与接收于一体的光电传感器。其检测距离可以根据要求进行调节。该传感器具有探测距离远、受可见光干扰小、价格便宜、易于装配、使用方便等特点,可以广泛应用于机器人避障、流水生产线计件等众多场合。红外避障传感器如图 3-11 所示。

图 3-11 红外避障传感器

10. 碰撞开关传感器

碰撞开关传感器是学习机器人入门必备数字开关量输入模块,通过编程可以实现发光灯控制、发声器控制、LED 显示按键选择功能等。碰撞开关传感器如图 3-12 所示。

图 3-12　碰撞开关传感器

11. 语音识别模块

语音识别模块含特定人的语音识别系统和非特定人的语音识别系统。语音识别模块如图 3-13 所示。

图 3-13　语音识别模块

12. 陀螺仪传感器

陀螺仪传感器是一种简单易用的基于自由空间移动和手势的定位和控制系统。现代陀螺仪是一种能够精确确定运动方位的仪器，它是现代航空、航海、航天和国防工业中广泛使用的一种惯性导航仪器，它的发展对于一个国家的工业、国防和其他高科技的发展具有十分重要的战略意义。陀螺仪传感器如图 3-14 所示。

图 3-14 陀螺仪传感器

13. 倾角传感器

倾角传感器经常用于系统的水平测量,从工作原理上可分为"固体摆"式、"液体摆"式、"气体摆"式三种,倾角传感器还可以用来测量相对于水平面的倾角变化量。倾角变化量如图 3-15 所示。

图 3-15 倾角传感器

3.4 多传感器的融合及应用

3.4.1 传感器融合的定义和原理

多传感器信息融合(MSF)比较确切的定义可以概括为:利用计算机技术对按时序获得的若干传感器的观测信息在一定准则

下加以自动分析、综合以完成所需的决策和估计任务而进行的信息处理过程。信息融合技术最早应用于军事领域，在军事中把信息融合技术定义为一个处理探测、互联、相关、估计以及组合多源信息和数据的多层次多方面过程，以便获得准确的状态和身份估计，完整而及时的战场态势和威胁估计。在习惯上，很多文献中使用数据融合的概念，实际上在这里数据的含义已经被扩展了，不单单代表狭义上的“数据”，有时可以是信息，甚至是知识。本文将不加以区分地使用信息融合和数据融合这两个名词。

人类的大脑就是一个典型的多传感器信息融合系统。在日常生活中，大脑通过收集来自身体各个传感器(眼睛、耳朵、鼻子、四肢)的信息(景物、声音、气味、触觉)，把各类信息进行组合整理，通过先验知识去估计、理解周围环境或正在发生的事情。

在现代工业和军事应用中，多传感器信息融合的基本原理就像人类大脑综合处理各类信息一样，充分利用多个传感器资源，通过对这些传感器及其观测信息的合理支配和使用，把多个传感器在空间或时间上的冗余或互补信息依据某种准则来进行组合，以获得被测对象的一致性解释或描述，使该多传感器系统由此获得比它的各个组成部分的子集所构成的系统具有更优越的信息处理性能、稳健性和抗干扰能力。需要强调的是应用中用于多传感器信息融合的数据可能具有不同的特征；可能是实时数据，也可能是非实时数据；可能是瞬变的，也可能是缓变的；可能是模糊的，也可能是确定的；可能是相互支持或互补的，也可能是相互矛盾或竞争的。

3.4.2 传感器的融合

系统中使用的传感器种类和数量越来越多，每种传感器都有一定的使用条件和感知范围，并且又能给出环境或对象的部分或整个侧面的信息，为了有效地利用这些传感器信息，需要采用某种形式对传感器信息进行综合、融合处理，不同类型信息的多种形式的处理系统就是传感器融合。传感器的融合技术涉及神经网络、知识工程、模糊理论等信息检测、控制领域的新理论和新方法。如图 3-16 所示为 KUKA 多传感器信息融合自主移动机器人。

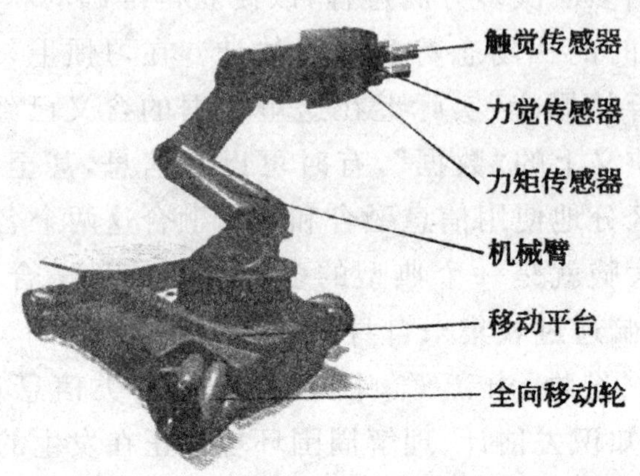

图 3-16　KUKA 多传感器信息融合自主移动机器人

传感器融合类型有多种,现以两个例子进行说明。

(1)竞争性的

在传感器检测同一环境或同一物体的同一性质时,传感器提供的数据可能是一致的,也可能是矛盾的。若有矛盾,就需要系统决定。决定的方法有多种,如加权平均法、决策法等。在一个导航系统中,车辆位置的确定可以通过计算法定位系统(利用速度、方向等记录数据进行计算)或陆标观测(如交叉路口、人行道等参照物)确定。若陆标观测成功,则用陆标观测的结果,并对计算法的值进行修正,否则利用计算法所得的结果。

(2)互补性的

传感器提供不同形式的数据。例如,识别三维物体的任务就说明这种类型的融合。利用彩色摄像机和激光测距仪确定一段阶梯道路,影色摄像机提供图像(如颜色、特征),而激光测距仪提供距离信息,两者融合即可获得三维信息。

目前,要使多种传感器信息融合成体系化尚有困难,而且缺乏理论依据。多传感器信息融合的理想目标应是人类的感觉、识别、控制体系,但由于对后者尚无一个明确的工程学的阐述,所以机器人传感器融合体系要具备哪些功能尚是一个模糊的概念。相信随着机器人智能水平的提高，多传感器信息融合理论和技术将会逐步完善和系统化。

3.4.3　多传感器信息融合系统的处理模型

图 3-17 是美国数据融合工作小组提出的数据融合处理模型，当时是面向军事应用而研究的，但它对人们理解数据融合的基本概念却有着重要的影响。该模型每个模块的基本功能如表 3-2 所示。

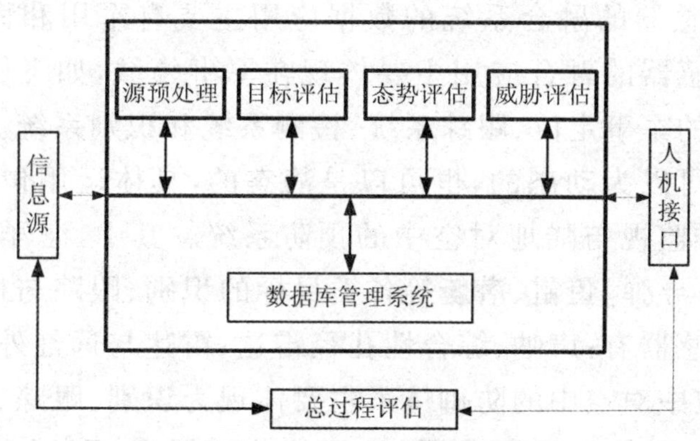

图 3-17　多传感器信息融合处理模型

表 3-2　信息融合系统各模块的功能

模块	功能
数据源	为传感器检测到有用信息提供了参考
源数据预处理	将原始数据通过整合处理、筛选，以降低数据处理的复杂度
目标评估	将目标的位置、速度、身份等参数加以融合，以实现对目标的精准表达。目标评估主要包括数据配准、跟踪和数据关联、辨识
态势评估	通过对当前环境的预判断，推测出检测目标与事件之间的联系，从而了解检测目标的意图
威胁评估	结合当前的形式综合评估敌我双方的形式，判断出敌方的威胁程度和攻击能力

续表

模块	功能
总过程评估	监视系统的性能,辨识改善性能所需的数据,进行传感器资源的合理配置
人机接口	实现计算机与人的交互
数据库管理系统	主要针对系统数据的存储、管理等功能

3.4.4 多传感器融合的应用

多传感器的融合系统的数据应用主要有军用和民用两种。目前多传感器的融合应用主要体现在军事领域,如飞机、航母与导弹在内的军事定位、跟踪系统、检测系统和识别系统。当然,这类目标既可以为动态的,也可以是静态的,具体运用包含空中对空中、海洋监视与陆地对空中的预防系统。其中,海洋监视具体包含:水下导弹、鱼雷、潜艇等各类目标的识别、跟踪与检测,应用较多的传感器有:声呐、综合性孔径雷达、雷达与远红外等。陆地对空中、空中对空中的防御体系主要体现为识别、跟踪、检测敌人的导弹、飞机与反飞机武器,常用的传感器有:FSM 接收机、雷达、电光成像、敌我识别与红外线等。

3.5 工业机器人视觉技术

随着工业化的不断推进,自动化生产对于生产效率和精度的标准在不断提高,人工检测的方式已经难以满足工业生产的需求,在信息技术等高新技术的支撑下,自动检测技术应运而生。20 世纪 70 年代机器视觉产品相继出现,其处理能力逐步提升,从处理简单检测到处理复杂检测,并引导机器人完成自动测量。

机器视觉系统是一种利用光学设备,机器人自主完成图像的采集、处理并产生控制动作。它是一种非接触式的光学传感系统，集成了软硬件，综合了现代计算机、光学、电子技术等的处理系统。机器视觉系统的具体应用需求千差万别，视觉系统也分为多种形式。但总体来说主要包含三个步骤：①利用光源照射被测物体，反射光进入光学成像系统，此时使用相机和图像采集卡将光学信号转变为数字信号；②使用计算机图像处理软件对图像进行加工处理，通过分析和对比等环节提取有效信息，这一环节是整个机器视觉的核心；③经过图像处理的信息用于被测对象的判断，并形成相应的控制指令，发送给相应的机构。

在整个过程中，被测对象的信息反映为图像信息，进而经过分析，从中得到特征描述信息，最后根据获得的特征进行判断和动作。最典型的机器视觉系统包括：光源、光学成像系统、摄像机、图像采集卡、图像处理硬件平台、图像和视觉信息处理软件及通信模块。

(1)光照

光照是影响机器视觉系统输入的重要因素，因为它直接影响输入数据的质量和至少30%的应用效果。由于没有通用的机器视觉照明设备，所以针对每个特定的应用实例，要选择相应的照明装置，以达到最佳效果。

(2)光学成像系统

被测物的图像通过一个透镜聚焦在敏感元件上，如同照相机拍照一样。所不同的是照相机使用胶卷，而机器视觉系统使用传感器来捕捉图像，传感器将可视图像转化为电信号，便于计算机处理。

(3)摄像机

机器视觉系统实际上是一个光电转换装置，即将传感器所接收到的透镜成像，转化为计算机能处理的电信号，摄像机可以是电子管的，也可以是固体状态传感单元。

(4)图像的处理

机器视觉系统中，视觉信息的处理技术主要依赖于图像处理方法，它包括图像增强、数据编码和传输、平滑、边缘锐化、分割、特征抽取、图像识别与理解等内容。经过这些处理后,输出图像的质量得到相当程度的改善,既改善了图像的视觉效果,又便于计算机对图像进行分析、处理和识别。

机器视觉系统如图 3-18 所示。

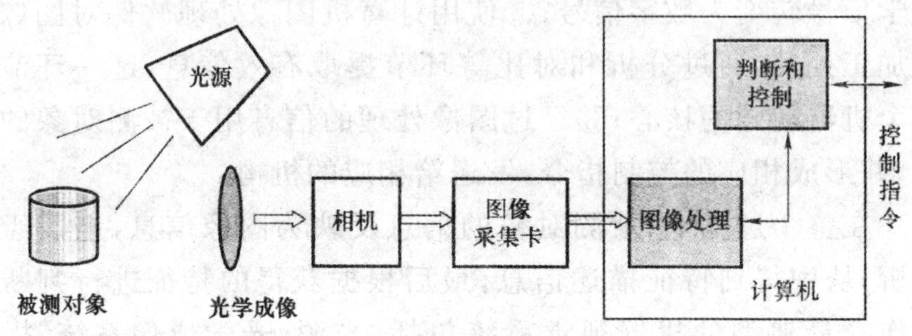

图 3-18 机器视觉系统

采用机器视觉系统,工业机器人将具有:①可靠性;②精度高;③灵活性;④自适应性。

3.6 机器人传感器应用系统

工业机器人工作的稳定性与可靠性,依赖于机器人对工作环境的感觉和自主的适应能力,因此需要高性能传感器及各传感器的协调工作。由于不同行业工作环境所具有的特殊要求和不确定性,随着工业机器人应用领域的不断扩大,对机器人感觉系统的要求也不断提高。机器人感觉系统的设计是在实现机器人智能化的基础上,主要表现为新型传感器的应用及多传感器的融合。

一台智能机器人采用多种传感器,所以把传感的信息和存储的信息集成起来,形成控制规则也是重要的问题。在某些情况下,一台计算机就能够完全控制机器人。在某些复杂系统中,运动机器人或柔性制造系统可能要采用分层的、分散的计算机。一台执行控制器可用以完成总体规划。它把信息传递给一系列专用的处理器，以控制机器人的各种功能，并从传感器系统接收输入信号。不同层次可用来完成不同的任务。

(1)多感觉智能机器人的组成

多感觉智能机器人的组成如图 3-19 所示。

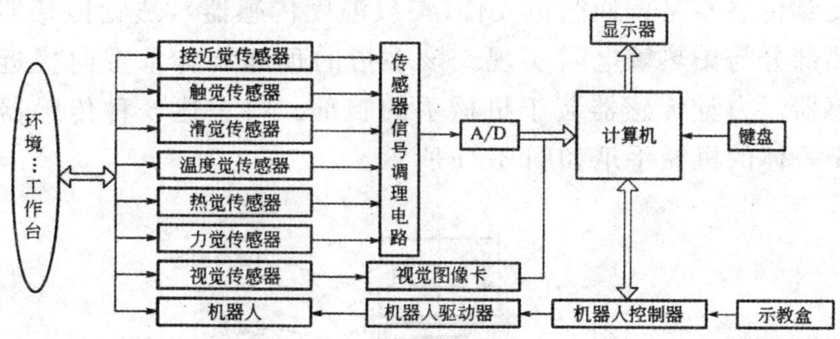

图 3-19　多感觉智能机器人的组成

(2)机器人本体

机器人本体结构示意图如图 3-20 所示。

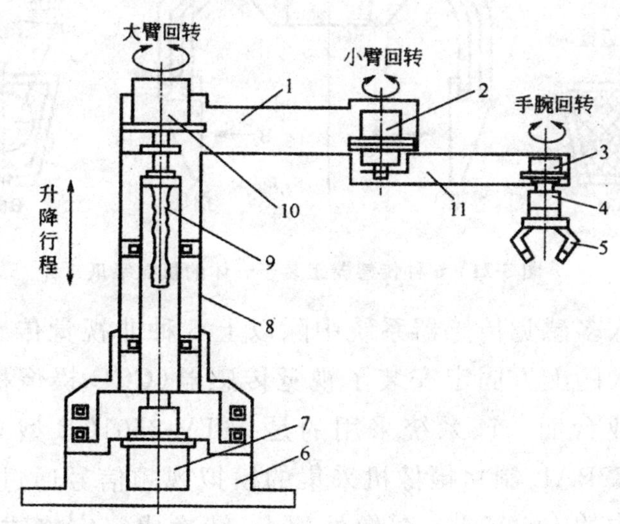

图 3-20　机器人本体结构示意图

1—大臂；2—小臂电动机；3—电动机；4—手腕；5—手爪；6—机座；7—大臂电动机；8—升臂机；9—滚珠丝杠；10—升降电动机；11—小臂

(3)多传感系统

多感觉智能机器人具有7种感觉。其中,接近觉、触觉和滑觉为一体化的传感器,传感器外形被制成手指形状,便于直接安装到手爪上。温度觉和热觉传感器装于机器人的另一只手爪上。温度觉传感器是普通测量元件(集成温度传感器),热觉传感器由加热部分与铂热敏电阻实现。该手指的顶部装有垂直向接近觉传感器。力觉传感器装于机械手的腕部。将上述6种传感器组装于一体的机械手爪如图3-21所示。

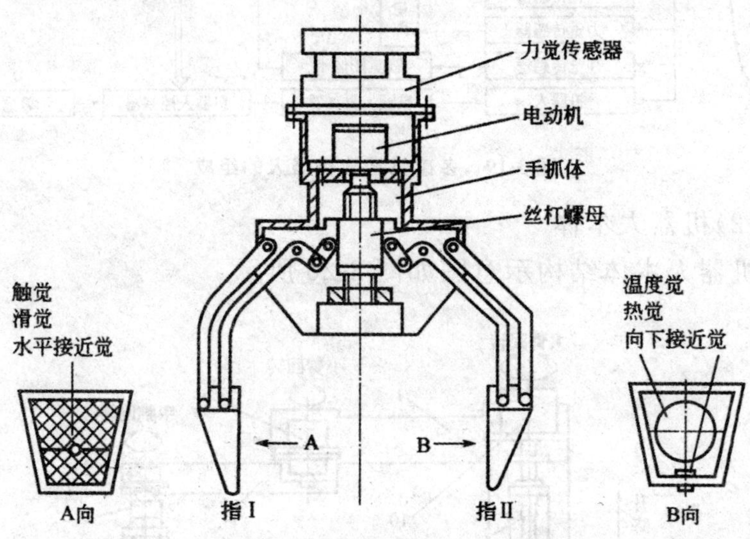

图3-21 6种传感器组装于一体的机械手爪

机器人多感觉传感器系统中除以上6种非视觉传感器以外,还在机器人的上方固定安装了视觉传感器(CCD摄像机)对准机器人的作业台面。该系统采用的是MTV-3501CB型CCD摄像机(512X582PAL制),摄像机采集的模拟视频信号通过插在计算机扩展槽中的PC Video图像处理卡,转换成一定格式的数字信息,输入计算机。

(4)控制部分

多感觉智能机器人的控制分为3层。整个控制系统的硬件结构框图如图3-22所示,包括主控制单元、示教盒、3个结构相同的下级控制单元（主要控制各个电动机的运转，1 个单元控制两台电动机）、向各控制单元提供机器人内部信号的接口（如极限位置、零位等），以及完成人机交互界面和进行多信息融合计算和控制的计算机。

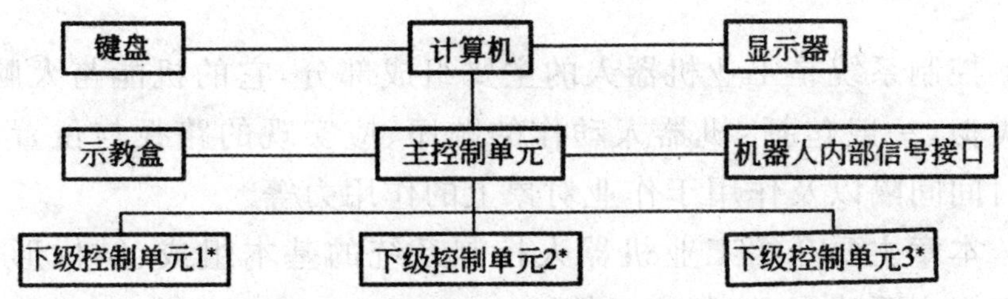

图 3-22 控制系统的硬件结构框图

（5）总体布局

多感觉智能机器人的系统总体布局如图 3-23 所示。控制部分包含各传感器的信号调理电路、主控制器及下级控制单元、驱动电路、电源等。

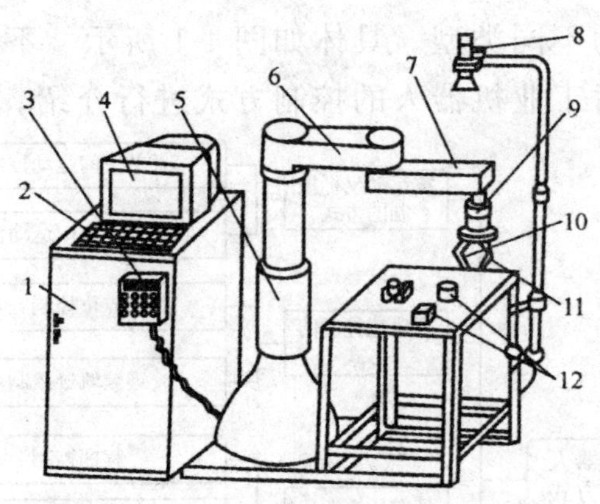

图 3-23 多感觉智能机器人的系统总体布局

1—控制柜；2—键盘；3—示教盒；4—显示器；5—机座；6—大臂；7—小臂；8—CCD 摄像机；9—腕力传感器；10—触觉、滑觉、接近觉传感器；11—温度觉、热觉传感器；12—不同截面和不同材质的试件若干

第4章 工业机器人的控制技术

控制系统是工业机器人的主要组成部分，它的机能与人脑机能类似，一般包括：机器人动作的顺序、应实现的路径与位置、动作时间间隔以及作用于作业对象上的作用力等。

本章主要介绍工业机器人控制系统的基本组成、结构形式、特点及主要功能、控制方式等。

4.1 工业机器人控制方式

工业机器人控制系统的确定，主要是由工业机器人所需要执行的作业任务决定的。根据不同的分类方法，工业机器人的控制方式可以划分为不同类型。具体如图4-1所示。下面按照运动控制方式的不同对工业机器人的控制方式进行介绍。

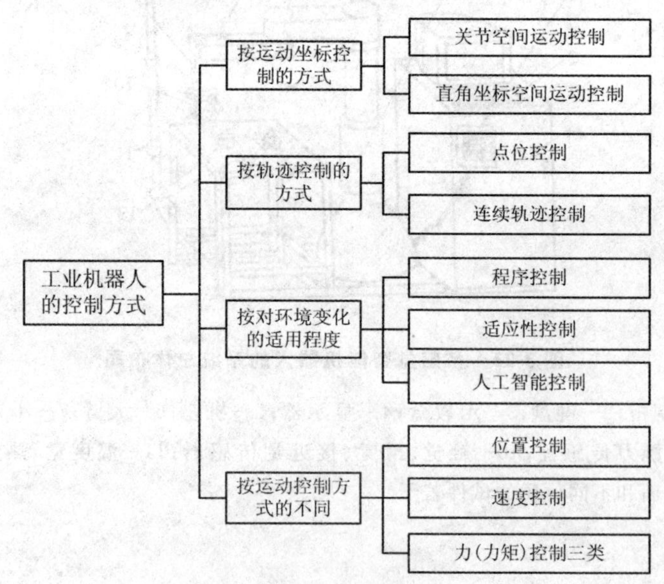

图4-1 工业机器人的控制方式

4.1.1　位置控制方式

工业机器人位置控制又分为点位控制方式(PTP)和连续轨迹控制方式(CP)两种,如图 4-2 所示。

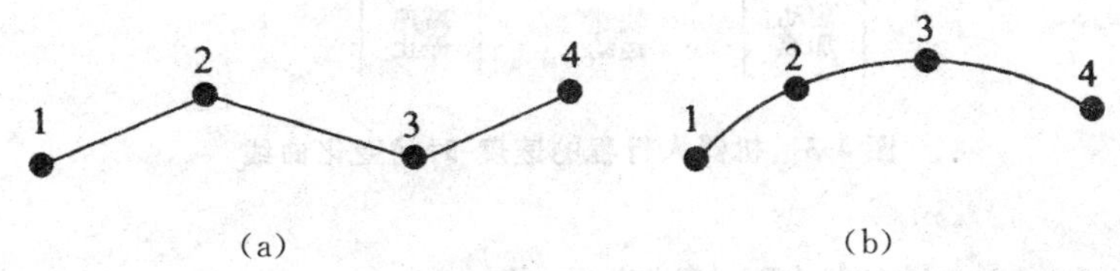

图 4-2　位置控制方式

(a)点位控制;(b)连续轨迹控制

(1)点位控制方式(PTP)

许多工业机器人要求能准确地控制末端操作器的工作位置,即作业空间上规定的离散点,而路径一般不作具体要求。例如,在印刷电路板上安插元件、点焊、装配等工作,都属于点位式控制方式。一般来说,点位式控制比较简单,但精度不是很理想。

(2)连续轨迹控制方式(CP)

在一些工业操作中,要求机器人末端的操作器在规定的轨迹和速度进行运动,且偏差不能超过一定的范围,即要求操作器能够以连续运动的方式完成作业要求。如果偏离预定的轨迹和速度,就会产生运动轨迹精度的偏差,完成不了相应的作业任务。

4.1.2　速度控制方式

对工业机器人的运动控制来说,在满足位置控制的基础上,还需满足对速度的控制要求。不管是点位控制方式还是连续轨迹控制方式,都要求能够对运动部件的速度进行控制,完成加速、减速、均速等要求,机器人的时间与速度变化规律符合如图 4-3 所示的曲线。

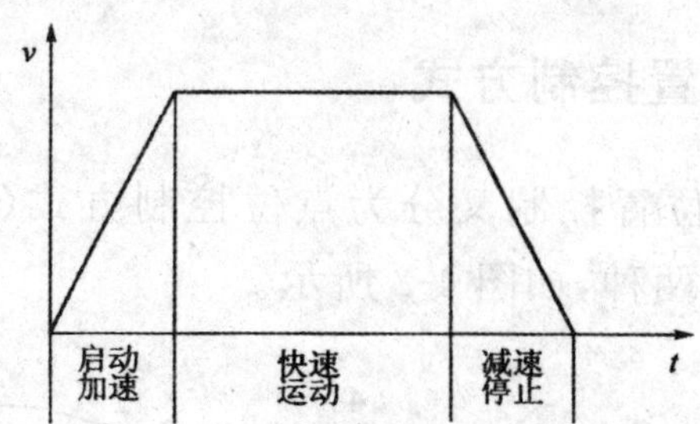

图 4-3 机器人行程的速度-时间变化曲线

4.1.3 力(力矩)控制方式

力(力矩)控制方式需要通过力(力矩)传感器传输力(力矩)信号,将力(力矩)信号作为输入量和反馈量传输至机器人的控制系统,控制操作器的力或力矩,按要求完成工作。

4.2 工业机器人控制系统的功能和组成

4.2.1 工业机器人控制系统的功能

工业机器人控制系统的主要任务是控制工业机器人在工作空间中的运动位置、姿态和轨迹、操作顺序及动作的时间等,工业机器人控制系统的主要功能有如下两点:

1. 示教再现功能

示教再现功能是将机器人运动的一些信息采用一定的途径录入工业机器人的存储器中,机器人的存储器可再现运动信息,过程如图 4-4 所示。

示教方式中经常会遇到一些数据的编辑问题,其编辑功能有如图 4-5 所示的几种方法。在图中,要连接 A 与 B 两点时,可以这样进行:按图(a)直接连接;按图(b)先在 A 与 B 之间指定一点

x,然后用圆弧连接;按图(c)用指定半径的圆弧连接;按图(d)用平行移动的方式连接。

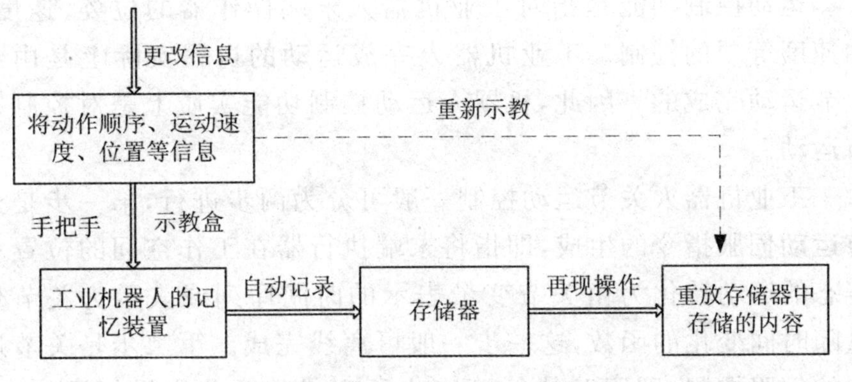

图 4-4　示教再现功能

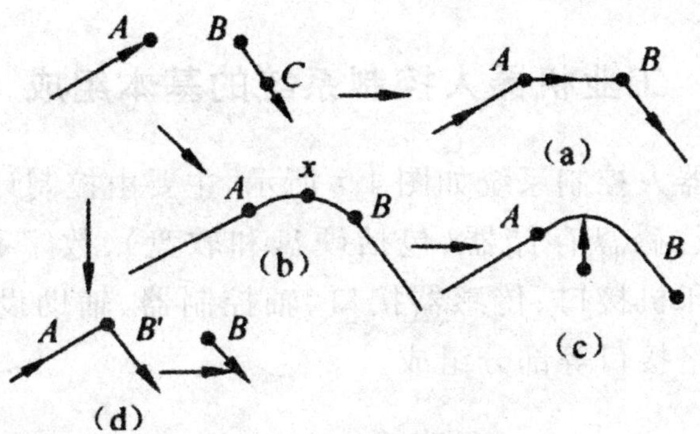

图 4-5　示教数据编辑功能

在 CP(连续轨迹控制方式)控制的示教中,由于 CP 控制的示教是多轴同时动作,因此与 PTP 控制不同,它几乎必须在点与点之间的连线上移动,故有如图 4-6 所示的两种方法。

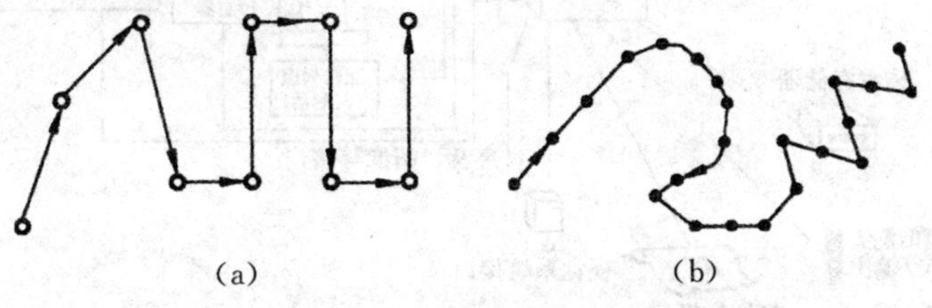

图 4-6　CP 控制示教举例

(a)指定点直线连接示教;(b)指定时间对每个点位置示教

2. 运动控制功能

运动控制功能是指对工业机器人末端操作器的位姿、速度、加速度等项的控制。工业机器人完成运动的过程实际上是由各关节运动完成的。因此,机器人运动控制功能实质上是对控制关节运动。

工业机器人关节运动控制一般可分为两步进行,第一步是关节运动伺服指令的生成,即指将末端执行器在工作空间的位置和姿态的运动转化为由关节变量表示的时间序列或表示为关节变量随时间变化的函数,这一步一般可离线完成。第二步是关节运动的伺服控制,即跟踪执行第一步所生成的关节变量伺服指令,这一步是在线完成的。

4.2.2 工业机器人控制系统的基本组成

工业机器人控制系统如图 4-7 所示,主要由控制计算机、示教盒、操作面板、磁盘存储器(包括硬盘和软盘)、数字和模拟量输入/输出、打印机接口、传感器接口、轴控制器、辅助设备控制、通信接口和网络接口等部分组成。

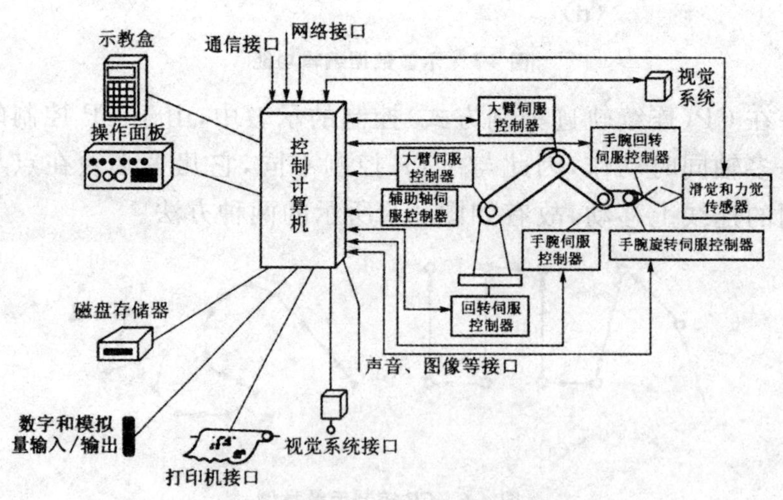

图 4-7 机器人控制系统组成框图

(1)控制计算机

控制计算机是控制系统的调度指挥机构。一般为微处理器、有 32 位,64 位等,如奔腾系列 CPU 以及其他类型 CPU。也有的机器人用可编程控制器。

(2)示教盒

示教盒用来示教机器人的工作轨迹和参数设定,以及一些人机交互操作,拥有自己独立的 CPU 以及存储单元,与主计算机之间以串行通信方式或并行通信方式实现信息交互。

(3)操作面板

操作面板由各种操作按钮(如启动按钮、停止按钮、电源开关按钮等)、状态指示灯(如电源指示灯、报警指示灯等)构成,只完成基本功能操作。

(4)磁盘存储器

磁盘存储器是以磁盘为存储介质的存储器,存储各种数据信息。磁盘存储器包括硬盘和软盘存储器,主要用于存储机器人工作程序的外部存储器。

(5)数字和模拟量输入/输出

数字和模拟量输入/输出用于各种状态和控制命令的输入或输出。

(6)打印机接口

打印机接口指打印机与计算机之间采用的接口类型,它主要用于记录需要输出的各种信息,用户通过打印机接口,可以清楚了解机器人的基本信息和运动状态信息等。目前,打印机产品的主要接口类型包括常见的并行接口、专业的串口、主流的 USB 接口以及比较少用的网口等。

(7)传感器接口

传感器接口用于信息的自动检测,以实现机器人柔顺控制,一般为接触觉、滑觉、压觉、力觉和视觉传感器等。

(8)轴控制器

轴控制器包括各关节的伺服控制器,用于完成机器人各关节位置、速度和加速度等控制。

(9)辅助设备控制

辅助设备控制用于和机器人配合的辅助设备控制,如手爪变位器等。

(10)通信接口

通信接口用于实现机器人和其他设备的信息交换,一般有串行接口、并行接口等。

(11)网络接口

网络接口有以太网(Ethernet)接口和现场总线(Fieldbus)接口两种。

4.3 工业机器人的位置控制与力(力矩)控制

4.3.1 工业机器人的位置控制

工业机器人位置控制的目的,就是要使机器人各关节实现预先所规划的运动,最终保证工业机器人末端执行器沿预定的轨迹运行。对于关节空间位置控制,如图 4-8 所示,将关节位置给定值与当前值相比较得到的误差作为位置控制器的输入量,经过位置控制器的运算后,将输出作为关节速度控制的给定值。因此,工业机器人每个关节的控制系统都是闭环控制系统。此外,对于工业机器人的位置控制,位置检测元件是必不可少的。关节位置控制器常采用 PID 算法,也可采用模糊控制算法等智能方法。

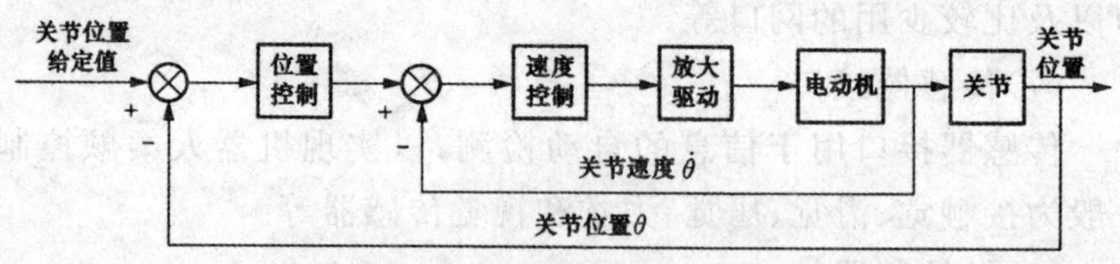

图 4-8 机器人位置控制示意图

1. 单关节位置控制

(1)单关节的建模与控制

下面以直流伺服电动机为例进行分析。

图 4-9 和图 4-10 分别为电枢绕组等效电路图和机械传动原理图。

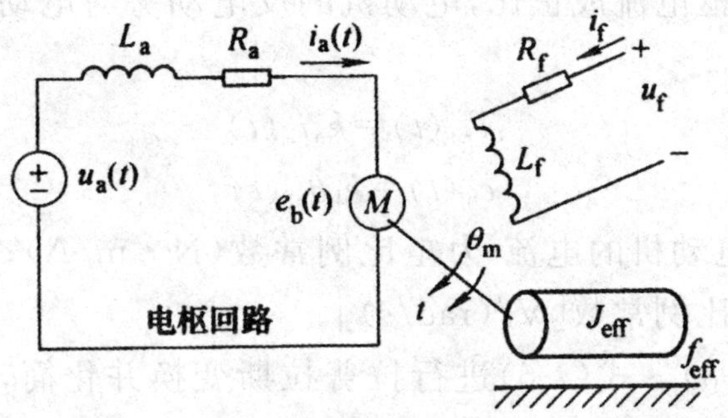

图 4-9　电枢绕组等效电路图

u_a—电枢电压；u_f—励磁电压；L_a—电枢电感；L_f—励磁绕组电感；R_a—电枢电阻；R_f—励磁绕组电阻；i_a—电枢电流；i_f—励磁电流；e_b—反电动势

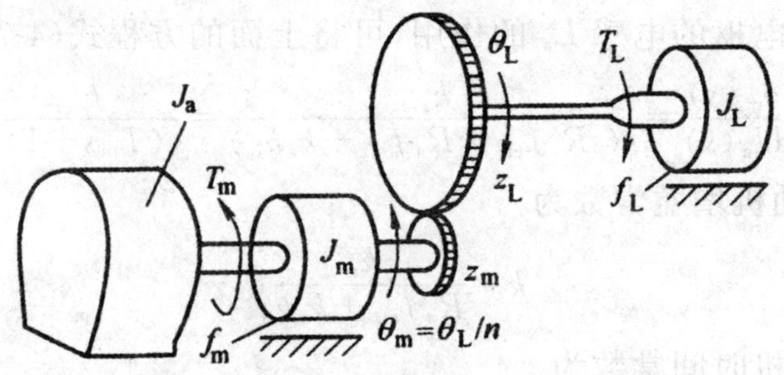

图 4-10　机械传动原理图

T_m—电动机输出力矩；θ_m—电动机轴角位移；θ_L—负载轴角位移；J_m—折合到电动机轴的惯性矩；J_L—折合到负载轴的负载惯性矩；f_m—折合到电动机轴的黏性摩擦因数；f_L—折合到负载轴的黏性摩擦因数；z_m—电动机齿轮齿数；z_L—负载齿轮齿数

从电动机轴到负载轴的传动比为 n，$n=z_m/z_L$ 则折算到电动机轴上的总惯性矩 J_{eff} 及等效黏性摩擦因数 f_{eff} 为

$$J_{eff}=J_m+n^2 J_L \tag{4-1}$$

$$f_{eff}=f_m+n^2 f_L \tag{4-2}$$

电枢绕组的电压平衡方程式为

$$U_a(t)=R_a i_a(t)+L_a \frac{di_a(t)}{dt}+e_b(t) \tag{4-3}$$

电动机轴力矩平衡方程式为

$$T_m(t)=J_{eff}\ddot{\theta}+f_{eff}\dot{\theta}_m \tag{4-4}$$

机械部分与电气部分的耦合包括两个方面：电动机轴上产生的力矩与电枢电流成正比，电动机的反电动势与电动机的角速度成正比，即

$$T_m(t)=k_a i_a(t) \tag{4-5}$$

$$e_b(t)=k_b\dot{\theta}_m(t) \tag{4-6}$$

式中，k_a 为电动机的电流-力矩比例常数（N·m/A）；k_b 为电动机的反电动势比例常数[V/(rad/s)]。

对式(4-3)～式(4-6)进行拉普拉斯变换并化简，得到从电枢电压到电动机轴角位移的开环传递函数为

$$\frac{\theta_m(s)}{U_a(s)}=\frac{k_a}{s[s^2L_aJ_{eff}+(L_af_{eff}+R_aJ_{eff})s+R_af_{eff}+k_ak_b]} \tag{4-7}$$

由于电动机的电气时间常数大大小于其机械时间常数，因此可以忽略电枢的电感 L_a 的作用，可将上面的方程式(4-7)简化为

$$\frac{\theta_m(s)}{U_a(s)}=\frac{k_a}{s(sR_aJ_{eff}+R_af_{eff}+k_ak_b)}=\frac{k}{s(T_ms+1)} \tag{4-8}$$

式中，电动机增益常数为

$$k=\frac{k_a}{R_af_{eff}+k_ak_b}$$

电动机时间常数为

$$T_m=\frac{R_aJ_{eff}}{R_af_{eff}+k_ak_b}$$

电枢电压 $U_a(s)$ 与关节角位移 $\theta_L(s)$ 之间的传递函数为

$$\frac{\theta_L(s)}{U_a(s)}=\frac{nk_a}{s(sR_aJ_{eff}+R_af_{eff}+k_ak_b)} \tag{4-9}$$

系统方框图如图 4-11 所示。

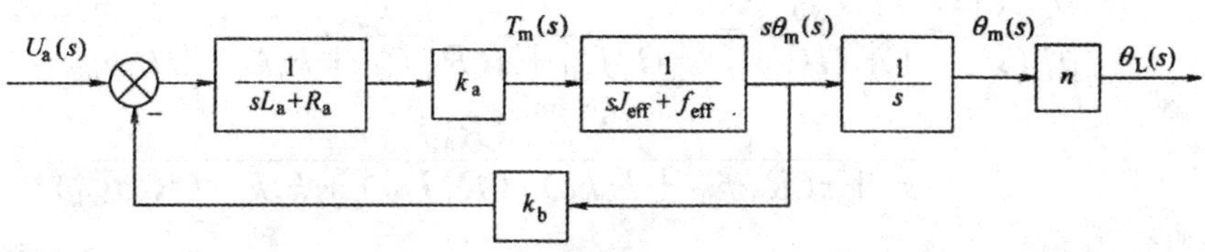

图 4-11 单关节开环传递函数

(2)单关节位置控制器

所谓单关节控制器，就是指不考虑关节之间相互影响，只根据一个关节独立设置的控制器。单关节位置控制器的作用是利用电动机组成的伺服系统使关节的实际角位移 θ_L 跟踪期望的角位移 θ_L^d。把伺服误差作为电动机的输入信号，产生适当的电压，构成闭环系统，即

$$U_a(t)=\frac{k_p e(t)}{n}=\frac{k_p[\theta_L^d(t)-\theta_L(t)]}{n} \tag{4-10}$$

式中，k_p 为位置反馈增益(V/rad)；$e(t)=\theta_L^d(t)-\theta_L(t)$为系统误差；$n$ 为传动比。

这样就可以利用负载轴的角位移负反馈把单关节机器人的控制从开环系统转变为闭环系统，如图 4-12 所示。关节角度可用位置传感器如光电码盘等测出。

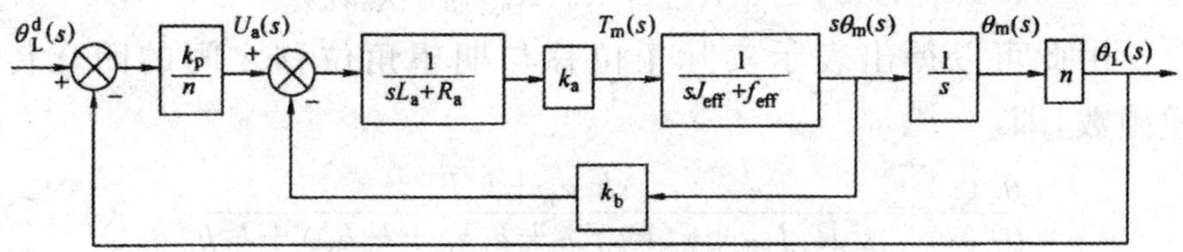

图 4-12 带位置反馈的闭环控制方框图

对式(4-10)进行拉普拉斯变换，再根据图 4-12 可得出误差驱动信号 $E(s)$与实际角位移$\theta_L(s)$之间的开环传递函数，即

$$G=\frac{\theta_L(s)}{E(s)}=\frac{k_p k_a}{s(sR_a J_{eff}+R_a f_{eff}+k_a k_b)} \tag{4-11}$$

由此可得位移反馈时的闭环传递函数，它表示实际角位移与期望角位移之间的关系。

$$\frac{\theta_L(s)}{\theta_L^d(s)}=\frac{G(s)}{1+G(s)}=\frac{k_a k_p}{s^2 R_a J_{eff}+s(R_a f_{eff}+k_a k_b)+k_a k_p}$$
$$\frac{k_a k_p/(R_a J_{eff})}{s^2+s(R_a f_{eff}+k_a k_b)/(R_a J_{eff})+k_a k_p/(R_a J_{eff})} \tag{4-12}$$

式(4-12)表明单关节机器人的位置控制器是一个二阶系统，当系统参数均为正时，总是稳定的。为了改善系统的动态性能，减小静态误差，可引入角速度作为反馈信号。关节角速度可以用测速发电机测定，也可以用两次采样周期内的位移数据来近似表示。加上位置和速度负反馈之后，关节电动机上所加的电压与位置误差及其导数成正比，即

$$\begin{aligned} U_a(t)&=\frac{k_p e(t)+k_v \dot{e}(t)}{n} \\ &=\frac{k_p[\theta_L^d(t)-\theta_L(t)]+k_v[\dot{\theta}_L^d(t)-\dot{\theta}_L(t)]}{n} \end{aligned} \tag{4-13}$$

式中，k_v 为速度反馈增益；n 为传动比。

这种闭环控制系统的框图如图 4-13 所示。对式(4-13)进行拉普拉斯变换，再把变换后的结果代入式(4-8)中，得到

$$\frac{\theta_L(s)}{E(s)}=\frac{s k_a k_v+k_p k_a}{s^2 R_a J_{eff}+s(R_a f_{eff}+k_a k_b)} \tag{4-14}$$

由此可以得出表示实际角位移与期望角位移之间的闭环传递函数，即

$$\frac{\theta_L(s)}{\theta_L^d(s)}=\frac{s k_a k_v+k_a k_p}{s^2 R_a J_{eff}+s(R_a f_{eff}+k_a k_b+k_a k_v)+k_a k_p} \tag{4-15}$$

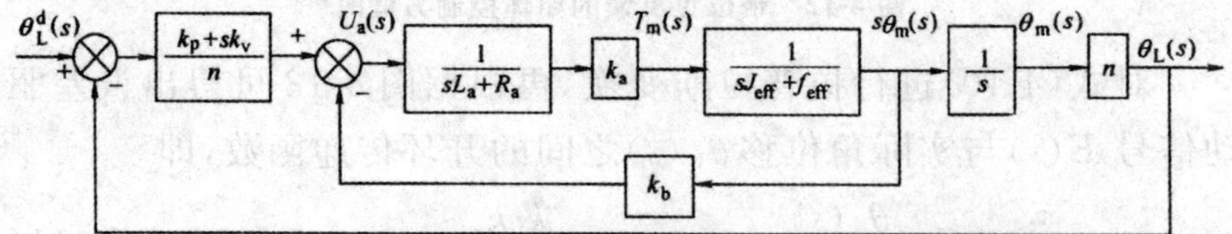

图 4-13 带位置反馈及速度反馈的闭环控制框图

(3)速度和位置反馈增益的确定

二阶系统的特征方程具有下面的标准形式：

$$s^2+2\xi\omega_n s+\omega_n^2=0$$

式中，ξ 为系统阻尼比；ω_n 为系统的无阻尼自然频率。

在式(4-15)中，系统的闭环传递函数特征方程为

$$s^2 R_a J_{eff}+s(R_a f_{eff}+k_a k_b+k_a k_v)+k_a k_p=0 \tag{4-16}$$

与标准形式比较可得

$$\omega_n^2=\frac{k_a k_p}{R_a J_{eff}}$$

$$2\xi\omega_n=\frac{R_a f_{eff}+k_a k_b+k_a k_v}{R_a J_{eff}}$$

由以上两式可得系统阻尼比 ξ 为

$$\xi=\frac{R_a f_{eff}+k_a k_b+k_a k_v}{2\sqrt{k_a k_p R_a J_{eff}}}$$

在工业机器人控制系统中，为了安全起见，希望系统具有临界阻尼或过阻尼，即要求系统阻尼比 $\xi\geqslant 1$，因此，当

$$\xi=\frac{R_a f_{eff}+k_a k_b+k_a k_v}{2\sqrt{k_a k_p R_a J_{eff}}}\geqslant 1$$

$$k_v\geqslant\frac{2\sqrt{k_a k_p R_a J_{eff}}-R_a f_{eff}-k_a k_b}{k_a} \tag{4-17}$$

k_v 与 k_p 相关，在确定 k_p 时要考虑操作臂的结构共振频率。当机器人空载时，惯性转矩为 J_0，结构共振频率为 ω_0，负载时惯性转矩为 J_{eff}，结构共振频率为

$$\omega_s=\omega_0\sqrt{J_0/J_{eff}}$$

为了不激起结构共振和系统共振，一般选择闭环系统的无阻尼自然频率 ω_n 不超过关节结构共振频率 ω_s 的一半，即

$$\omega_n\leqslant 0.5\omega_s$$

据此，调整位置反馈增益 k_p，而且应是 $k_p>0$（位置反馈是负反馈），则得出

$$0<k_p\leqslant\frac{\omega_0^2 J_0 R_a}{4k_a} \tag{4-18}$$

将式(4-18)代入式(4-17)，则

$$k_v\geqslant\frac{R_a\omega_0\sqrt{J_{eff}J_0}-R_a J_{eff}-k_a k_b}{k_a} \tag{4-19}$$

(4)交流伺服电动机的单关节控制器

以三相连接 AC 无刷电动机为例，需要对三相绕组进行控制，因此可以得到如图 4-14 所示电流控制框图。

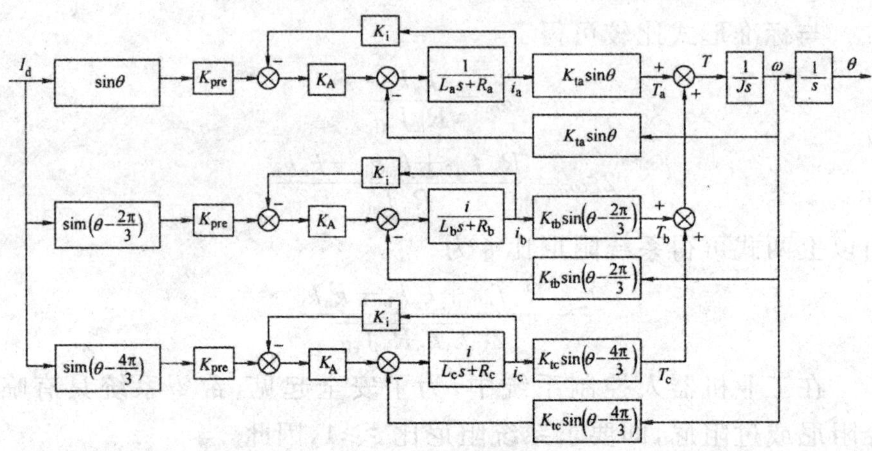

图 4-14　三相 Y 连接 AC 无刷电动机电流控制框图

K_{pre}—电流信号前置放大系数；T_a、T_b、T_c—三相绕组产生的转矩；K_i—电流环反馈系数；i_a、i_b、i_c—三相绕组电流；K_A—电流调节器放大系数；J—电动机轴上的总转动惯量；I_d、L_a、L_b、L_c、R_a、R_b、R_c—三相绕组要求的电流、电感和电阻；$K_{ta}\sin\theta$、$K_{tb}\sin\left(\theta-\frac{2\pi}{3}\right)$、$K_{tc}\sin\left(\theta-\frac{4\pi}{3}\right)$—三相绕组的转矩常数

每相电流为正弦波，但彼此相差 120°，即 $I_d\sin\theta$、$I_d\sin(\theta-2\pi/3)$、$I_d\sin(\theta-4\pi/3)$。

如同直流伺服电动机一样，交流伺服电动机的绕组由电感和电阻构成，加到绕组上的电流与电压关系仍为一阶陨性环节，即

$$U\rightarrow\left(\frac{1}{L_s+R}\right)\rightarrow I$$

每相电流乘以相应的转矩常数就是该相产生的转矩。也如同直流电动机，反电动势正比于转速，即 $K_{ta}\sin\theta\omega$、$K_{tb}\sin(\theta-2\pi/3)\omega$ 和 $K_{tc}\sin(\theta-4\pi/3)\omega$ 为三相反电动势。最后三相转矩之和为电动机总转矩 T。这样一个三相连接 AC 无刷电动机模型如图 4-15 所示。

从图 4-15 结构中，可得出下面方程

$$
\begin{aligned}
T &= T_a + T_b + T_c \\
&= \{[I_d \sin\theta - K_i i_a]K_A - \omega K_{ta}\sin\theta\}\left[\frac{K_{ta}\sin\theta}{L_a s + R_a}\right] + \\
&\quad \{[I_d \sin(\theta - 2\pi/3)K_{pre} - K_i i_b]K_A - \\
&\quad \omega K_{tb}\sin(\theta - 2\pi/3)\}\left[\frac{K_{tb}\sin(\theta - 2\pi/3)}{L_b s + R_b}\right] + \\
&\quad \{[I_d \sin(\theta - 4\pi/3)K_{pre} - K_i i_c]K_A - \\
&\quad \omega K_{tc}\sin(\theta - 4\pi/3)\}\left[\frac{K_{tc}\sin(\theta - 2\pi/3)}{L_c s + R_c}\right]
\end{aligned}
\tag{4-20}
$$

在电动机制造时，总是保证各相参数相等，即

$$
\left.
\begin{aligned}
K_{ta} &= K_{tb} = K_{tc} = K_{tp} \\
L_a &= L_b = L_c = L_p \\
R_a &= R_b = R_c = R_p
\end{aligned}
\right\}
\tag{4-21}
$$

这样，可以把图 4-14 转换为等效的直流伺服电动机电流控制系统结构框图，如图 4-15 所示。可以根据图 4-15 来分析无刷电动机的电流控制系统。但关节控制系统是位置控制系统，所以，要在电流控制基础上增加位置负反馈环或速度、位置负反馈环，如图 4-16 所示。

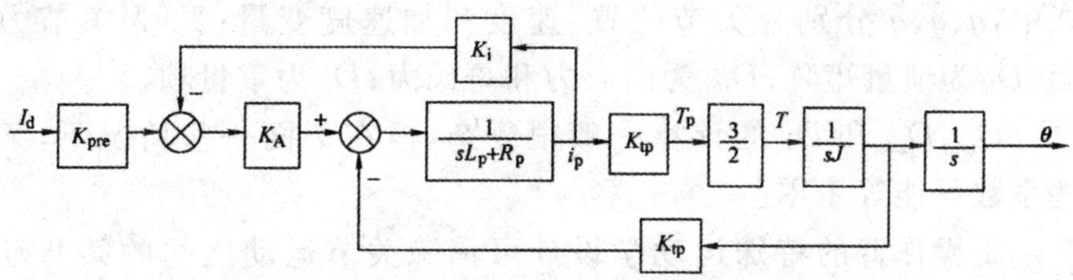

图 4-15　AC 无刷电动机电流控制系统结构框图

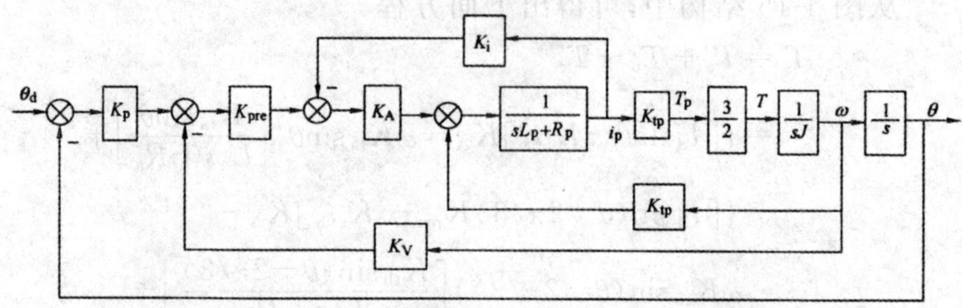

图 4-16　AC 无刷电动机电流、速度、位置控制框图

2. 多关节位置控制

所谓多关节位置控制,是指考虑各关节之间的相互影响而对每一个关节分别设计的控制器。前述的单关节控制器,是把机器人的其他关节锁住,工作过程中依次移动(或转动)一个关节,这种工作方法显然效率很低。但若多个关节同时运动,则各个运动关节之间的力或力矩会产生相互作用,因而不能运用前述的单个关节的位置控制原理。要克服这种多关节之间的相互作用,必须添加补偿作用,即在多关节控制器中,机器人的机械惯性影响常常被作为前馈项考虑。

具有 n 个连杆的机械手系统的动力学方程如下

$$T_i = \sum_{j=1}^{n} D_{ij}\dot{q}_j + I_{ai}\ddot{q}_j + \sum_{j=1}^{n}\sum_{k=1}^{n} D_{ijk}\dot{q}_j\dot{q}_k + D_i \qquad (4\text{-}22)$$

式中,q、$\dot{q}$、$\ddot{q}$ 分别为关节位置、速度和加速度变量;T_i 为关节力矩;D_{ij} 为惯量矩阵;D_{ijk} 为向心力和哥氏力;D_i 为重量项。

D_{ij}、D_{ijk} 和 D_i 的计算一般很复杂,但在下面一些情况下,某些系数可能等于零。

①操作臂的特殊运动学设计可消除关节运动之间的某些动力耦合(系数 D_{ij} 和 D_{ijk})。

②某些与速度有关的动力学系数只是名义上存在于 D_{ijk} 中,实际上它们是不存在的,例如,向心力不会与产生它的关节的运动相互作用,即总有 $D_{iii}=0$,但它却与其他关节的运动相互作用,即可能有 $D_{ijk}\neq 0$。

③由于运动中杆件形态的特殊变化，有些动力学系数在某些特定时刻可能变为零。

由式(4-22)可以看出，每个关节所需的力或力矩由四部分组成，其中第一项表示所有关节惯量的作用。在单关节控制器中，所有其他关节均被锁住，而且每个关节的惯量被集中在一起。但在多个关节同时运动的情况下，存在关节之间耦合惯量的作用。这些力矩项 $\sum_{j=1}^{n} D_{ij}\dot{q}_j$ 必须通过前馈控制输入到关节 i 的控制器输入端，以补偿关节之间的耦合作用，如图4-17所示。$I_{ai}\ddot{q}_j$ 表示传动轴上的等效转动惯量为 J 的关节 i 传动装置的惯性力矩，已在单关节控制器中讨论过。$\sum_{j=1}^{n}\sum_{k=1}^{n} D_{ijk}\dot{q}_j\dot{q}_k$ 表示哥氏力以及向心力的作用，这些力矩项也必须前馈输入到关节 i 的控制器，来补偿各关节间的实际相互作用，如图4-17所示。D_{i} 表示关节重量的影响，也可以由前馈项 τ_{i} 来补偿，它是一个估计的力矩信号，可由下式计算

$$\tau_{\mathrm{i}} = (R/KK_{\mathrm{R}})\bar{\tau}_{\mathrm{g}}$$

式中，$\bar{\tau}_{\mathrm{g}}$ 为重力矩 τ_{g} 的估计值。

采用 D_i 作为关节 i 控制器的最优估计值，式(4-22)能够设定关节 i 的 $\bar{\tau}_{\mathrm{g}}$ 值。图4-17给出了工业机器人的第 i 个关节控制器的完整框图。

要实现这九个控制器，必须计算具体机器人的各前馈元件的 D_{ij}、D_{ijk} 和 D_i 的值。但是这些参数的计算是非常复杂的，特别是当机器人运动时，如果它的位置和姿态参数发生变化，计算任务就更为艰巨，因此必须采用一些简化算法。

对于式(4-22)，若取 $n = 6$，则有

$$\begin{aligned}
D_{ij} &= \sum_{\mathrm{p}=\max i,j}^{6} \mathrm{Trace}\left(\frac{\partial T_{\mathrm{p}}}{\partial q_j} I_{\mathrm{p}} \frac{\partial T_{\mathrm{P}}^{\mathrm{T}}}{\partial q_{\mathrm{i}}}\right) \\
D_{\mathrm{ijk}} &= \sum_{\mathrm{p}=\max i,j,k}^{6} \mathrm{Trace}\left(\frac{\partial^2 T_{\mathrm{p}}}{\partial q_j \partial q_k} I_{\mathrm{p}} \frac{\partial T_{\mathrm{P}}^{\mathrm{T}}}{\partial q_i}\right) \qquad (4\text{-}23) \\
D_i &= \sum_{\mathrm{p}=i}^{6} -m_{\mathrm{p}} g^{\mathrm{T}} \frac{\partial T_{\mathrm{p}}}{\partial q_j} r_{\mathrm{p}}
\end{aligned}$$

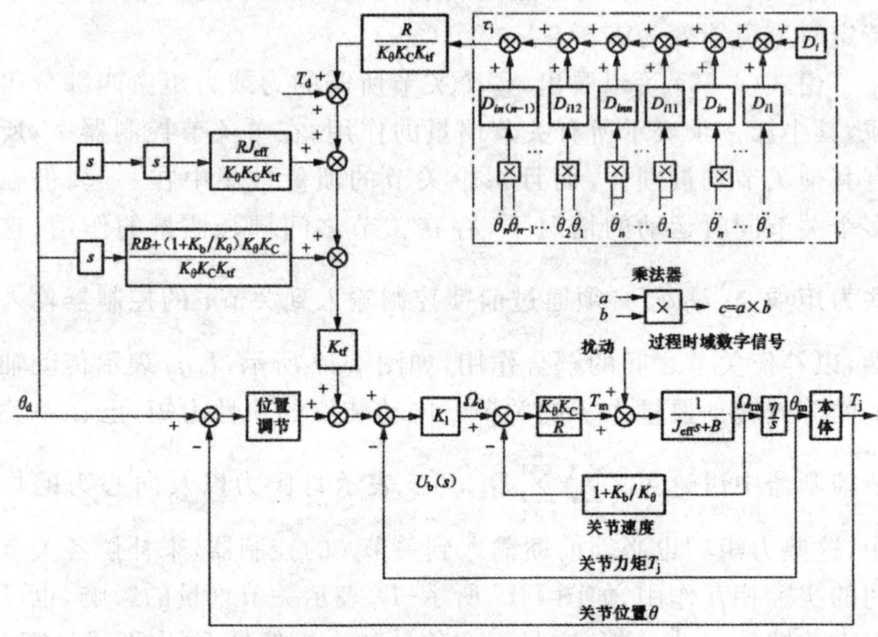

图 4-17　多关节位置控制器设计原理图

这些项在机械手控制中非常重要，因为它们直接影响着机械手系统的稳定性和定位精度。只有当机械手高速运动时，向心力和哥氏力才是重要的，当机械手低速运动时，为简化计算，向心力和哥氏力的影响可以忽略，这时，它们所产生的误差不大。传动装置的惯量 I_{ai} 往往具有相当大的值，对减少有效惯量的结构相关性和耦合惯量项的相对重要性有显著影响。

4.3.2　工业机器人的力（力矩）控制

在喷漆、点焊等机器人作业时，机器人把持工具沿规定的轨迹运动，机器人末端执行器始终不与外界物体相接触，这时，只对机器人做位置控制就可以了。

力只有在两个物体接触后才能产生，因此力控制是首先将环境考虑在内的控制问题。为了对机器人进行力控制，需要分析机器人手爪与环境的约束状态，并根据约束条件制定控制策略；环境对机器人的位置或力施加了约束后，对被施加了约束的机器人进行控制,比对一般机器人实施控制要复杂得多。

1. 约束条件

机器人所受的约束可分为自然约束和人为约束两种。

自然约束是指工具与外界环境接触时自然生成的约束条件。它与环境有关,由环境的几何特性及作业特性等引起的对机器人的约束。如当机器人手爪与静止的工作平台表面接触时,手爪不能自由地通过平台表面,这就在平台法向存在一种自然的位置约束,可在这个方向施加力控制。人为约束是一种人为施加的约束,用来确定作业中期望的运动轨迹或施加的力。如在平台平面上的运动轨迹。

人为约束条件必须与自然约束条件相适应,因为,在一个给定的自由度上不能同时对力和位置实施控制。因此,机器人手爪在工作平台上完成操作作业时,人为约束条件只能是平台表面的路径轨迹和与平台垂直方向上的接触力。

由于刚性物体之间的接触力是作用于系统的主要力,在建立力约束模型时,仅考虑由于接触引起的作用力,忽略像重力、某些摩擦力分量这样的静态力。

根据机器人末端执行器与工作环境的接触情况,可以把机器人的任务与一组约束相关联。例如,当机器人末端执行器与静止的刚性表面接触时,不允许通过表面,因此,一个固有的位置约束存在;如果表面是光滑的,就不可能对手施加与表面相切的力。

在环境的接触模型中,用沿表面法向的位置约束和沿表面切向的力约束定义一个广义表面(Generalized Surface)。广义表面是一种特殊的多维曲面,它的维数可以分为位移和力两大类。

为了便于描述约束情况,可用一个坐标系{C}来取代这一广义表面,称坐标系{C}为约束坐标系。它总是处于与某项具体任务相关的位置,根据任务的不同,它可能固定在环境中,或与末端执行器一起运动。

在自然约束中,某方向如果力约束为零,就能沿该方向进行运动控制;反之,如果运动约束为零,必然受力的约束,能够实施力的控制,即力的约束与运动是对偶的。人工约束指出了能够实施运动和力控制的方向。

自然约束和人为约束把机器人的运动分成两组正交的特征:力和运动;对每一组可以按不同的准则进行控制。

2. 经典力控制

(1) 阻抗控制

阻抗控制的概念是 N. Hogan 在 1985 年提出的。它在系统模型中引入了阻尼项。机械阻抗根据所选取的运动量可分为位移阻抗(又叫动刚度)、速度阻抗和加速度阻抗三种。把末端执行器与环境的接触看成由惯量—弹簧—阻尼三项组成的阻抗系统。期望力为

$$F_{\mathrm{d}} = K\Delta X + B\Delta\dot{X} + M\Delta\ddot{X} \tag{4-24}$$

式中,$\Delta X = X_{\mathrm{d}} - X$,$X_{\mathrm{d}}$ 为名义位置,X 为实际位置,它们的差 ΔX 为位置误差;K、B、M 为弹性、阻尼和惯量系数矩阵,一旦 K、B、M 被确定,则可得到笛卡儿坐标的期望动态响应。利用式(4-24)计算关节力矩,无须求运动学逆解,而只需计算正运动学方程和雅可比矩阵的逆 J^{-1}。

阻抗控制不是直接控制期望的力和位置,而是通过控制力和位置之间的动态关系来实现柔顺功能。由于这样的动态关系类似于电路中阻抗的概念,故称为阻抗控制。如果只考虑静态特性,力和位置的关系可以用刚性矩阵来描述,如果考虑力和速度之间的关系,可以用黏滞阻尼系数矩阵来描述。因此,所谓阻抗控制,就是通过适当的控制方法使机械手末端执行器表现出期望的刚性和阻尼。通常对于需要进行位置控制的自由度,要求在该方向上有很大的刚性,即表现出很硬的特性。而对于需要进行力控制的自由度,则要求在该方向上有较小的刚性,即表现出柔软的特性。

(2) 力和位置混合控制

力和位置混合控制的核心是在一定的空间坐标中将任务分

解不同自由度上的位置控制和力控制。对不同自由度上的位置控制和力控制进行计算，计算结果在空间坐标中结合形成统一的关节控制力矩。

力和位置混合控制的基本原理图如图 4-18 所示。

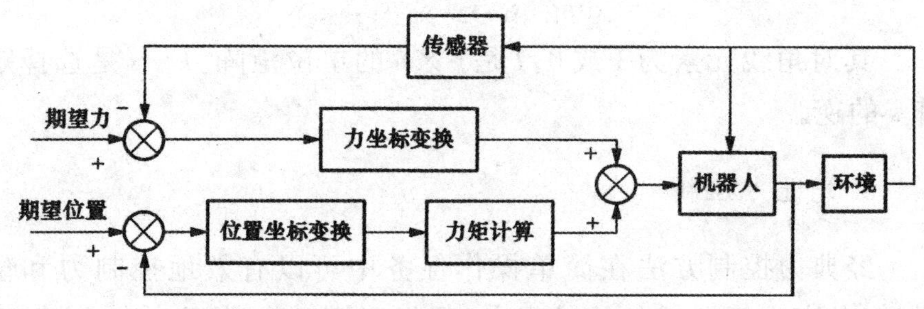

图 4-18　力和位置混合控制原理图

Raibert 和 Craig 提出了著名的 R-C 控制器，一种力和位置混合控制方案，如图 4-19 所示。R-C 控制器的输入变量包括力、位置、速度等。

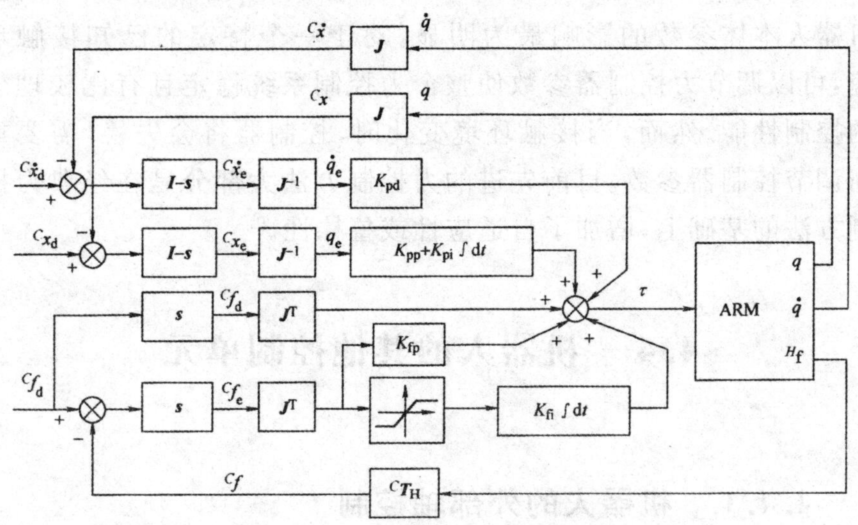

图 4-19　R-C 力和位置混合控制框图

R-C 控制器中，机器人各关节驱动电动机的力矩分别由位置环（上部）和力控制环（下部）这两个相对独立的控制环共同提供。位置环由 PI 调节器整定，而力控制环由带限幅器的 PI 调节器整定。

机器人的关节位置 q 由光电码盘获取，速度可由测速发电机获取，力反馈信号由腕力传感器获取。施加力控制或位置控制的自由度由顺应选择矩阵 s 确定。s 为 6×6 对角阵，即

$$s=\mathrm{diag}(s_1,s_2,s_3,s_4,s_5,s_6)$$

其对角线元素为 1 或 0。I 是 6×6 的单位矩阵。$I-s$ 是选择矩阵 s 的逆。

3. 先进力控制

经典力控制方法在简单操作任务中可以有效地控制力和位置，但在完成复杂任务的过程中，面临着模型参数不确定、接触环境不确定及外界干扰等问题，从控制效果和适用范围来看仍有不足，无法使其推广应用，这就需要研究先进力控制方法来克服这些问题。

影响机器人力控制稳定性的因素有很多，其中以接触环境、机器人本体参数的影响最为明显。对于一个特定的已知接触环境，可以调节力控制器参数使整个力控制系统稳定且有比较理想的控制性能。然而，当接触环境变化时，控制器将会失稳，需要重新调节控制器参数。目前先进的力控制方法大部分是在经典力控制方法的基础上，增加了自适应性或鲁棒性。

4.4 机器人的其他控制单元

4.4.1 机器人的外部轴控制

工业机器人控制系统的主控单元除了可以负担一台机器人本体的运动控制之外，还能负担多个伺服单元的有关控制。扩展的伺服单元含有伺服驱动器和伺服电动机，通常称为外部轴。

在机器人焊接系统中变位机的位置变换就是由机器人的外

部轴驱动的。增加的外部轴只能使用工业机器人厂家提供的产品。外部轴增加的数量因主控单元的能力而限定。如 MO-TOMAN 工业机器人的控制系统，其主控单元可控制 21 个轴。这就是说，除了本体的 6 个基本轴外，还可接 15 个外部轴。

外部轴与变位机配合，可使工件变位或移位，使工件的多个侧面处于最佳的焊接位置。机器人可以安装在外部轴驱动的机座上，以扩大动作范围，适应大型工件。若增加 6 个外部轴驱动另一台工业机器人本体，就能实现双机协调控制。

与其他驱动方式相比，增补外部轴的突出特点是通过示教来任意定位，并保持较高的定位精度。另外，外部轴经设定后能与机器人一起再现出合成轨迹。

机器人外部轴的控制并非一个独立的控制系统，实际上与本体轴的控制是一样的，只是增加了轴的数量而已，计算机二级分散控制框图如图 4-20 所示。

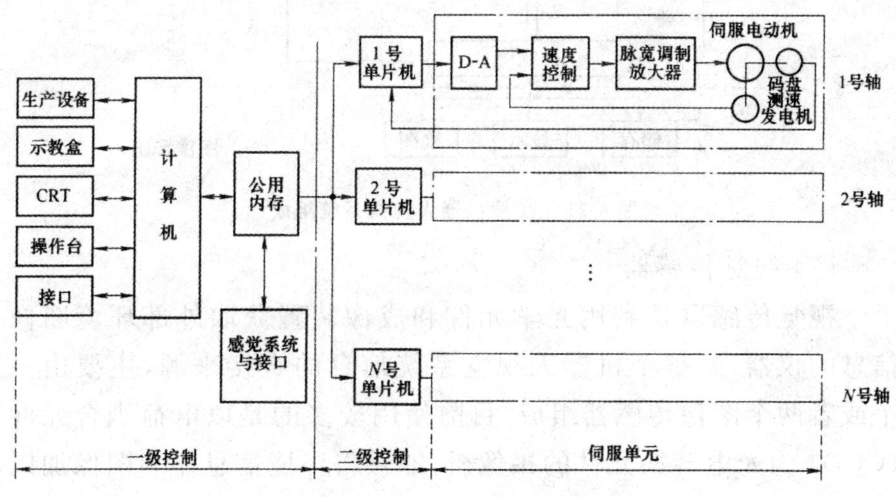

图 4-20　机器人二级分散控制框图

4.4.2　机器人视觉系统

工业机器人的工作环境发生变化或者作业对象的位置发生改变时，机器人也应能及时了解这些状况，并且应能够对作业对象的位置进行定位,特征进行监测,这时就需要机器人视觉系统来实现这些功能了。此外,机器人视觉系统不仅需要了解物体的大小、形状等,还要知道物体之间的关系。

1. 基本组成

一般工业机器人视觉系统主要由视觉传感器、高速图像采集系统、图像处理器、计算机及其相关软件组成,如图 4-21 所示。

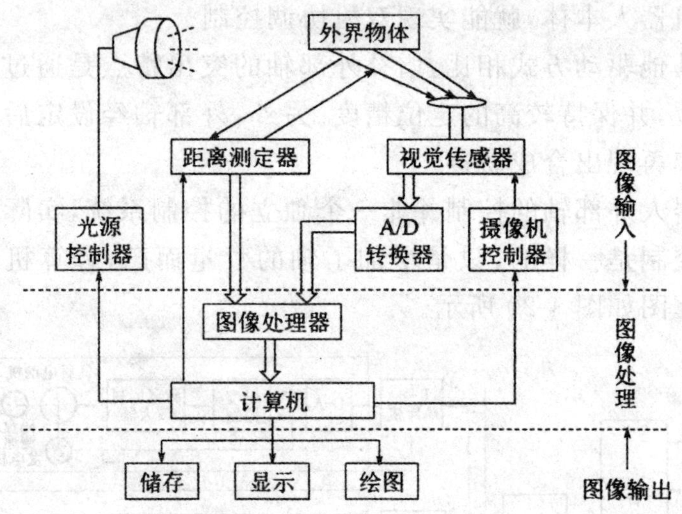

图 4-21 工业机器人视觉系统组成

(1) 视觉传感器

视觉传感器是利用光学元件和成像装置获取外部环境图像信息的仪器,是整个机器人视觉系统信息的直接来源,主要由一个或者两个图像传感器组成。目前使用较多的是以电荷耦合元件(CCD) 为光电转换元件的摄像机,能够将环境信息作为图像加以输入。

有时还要配以光投射器及其他辅助设备。它的主要功能是获取足够的机器人视觉系统要处理的最原始图像。

图像传感器可以使用激光扫描器、线阵和面阵 CCD 摄像机或者 TV 摄像机,也可以是最新出现的数字摄像机和 CMOS 图像传感器等。

视觉传感器性能的好坏主要取决于图像分辨率。视觉传感器能够精确地录入物体信息，还与被测物体的距离有关，离得越远，精度偏差越大。

(2) 高速图像采集系统

高速图像采集系统是由A/D转换器、专用视频解码器、图像缓冲器和控制接口电路组成的。它的主要功能是实时地将视觉传感器获取的模拟视频信号转换为数字图像信号，并将数字图像传送给专用图像处理系统进行视觉信号的实时前端处理，或者将图像直接传送给计算机进行显示和处理。

(3) 图像处理器

图像处理器通常是指一种专用的图像处理器，是计算机的辅助处理器，主要采用专用集成芯片(ASIC)、数字信号处理器(DSP)或者FPGA等设计的全硬件处理器。它可以实时高速完成各种低级图像处理算法和数码图像的压缩、显示以及存储，减轻计算机的处理负荷，提高整个视觉系统的速度。

(4) 计算机及其相关软件

计算机是整个机器视觉系统的核心，它除了控制整个系统各个模块的正常运行外，还承担着视觉系统最后结果的运算和输出。除了通过显示器显示图形之外，还可以用于打印机或绘图仪输出图像。

相关软件包括计算机系统软件和机器人视觉信息处理算法。

① 计算机系统软件：选用不同类型的计算机，就要有不同的操作系统和它所支持的各种语言、数据库等。

② 机器人视觉信息处理算法：图像预处理、分割、描述、识别和解释等算法。

2. 行业应用

工业机器人视觉系统的应用类型主要有3类：视觉检测、视觉引导和过程控制。其应用领域包括电子工业、汽车工业、航空工业以及食品和制药等工业领域。

(1) 视觉检测

视觉系统配置在输送装置上时,机器人可以用于对空间几何形状、颜色、物体相对位置等存在差异的异形物件进行非接触式检测,分检出合格的物件,如图 4-22 所示。有的视觉系统还可对物体内部的缺陷进行判断,也可以将视觉传感器安装在机器人腕部,跟随机械臂运动。

图 4-22 机器人视觉分检

(2) 视觉引导

视觉引导主要应用于焊接领域,焊接机器人配置视觉系统,如图 4-23 所示,可以控制焊枪沿焊缝自动定位,并自动跟踪焊缝,保证焊接质量。

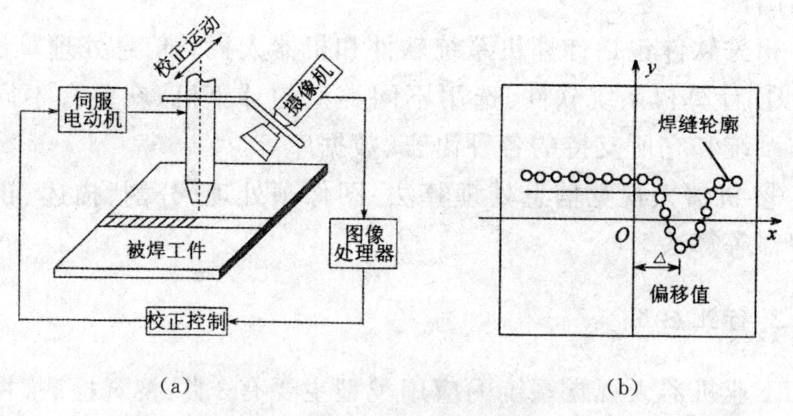

图 4-23 焊接过程中焊枪与焊缝对准

(a) 焊缝对中的视觉系统结构;(b) 焊缝偏移

在焊接过程中，机器人的计算中心能够根据视觉系统采集的图像来调整焊枪的位置，避免焊接过程中产生的焊缝变形、装卡等现象，提高焊接质量。

(3) 过程控制

工业机器人在完成装配作业时，如果配置视觉系统，可以实现对整个装配过程的控制，如图 4-24 所示，以完成零件的分类、搬运和装配。

图 4-24　用于装配的视觉控制机器人

4.4.3　机器人的模糊控制

机器人研究已经进入智能化阶段，决定了机器人智能力控制策略出现的必然性。从机器人力控制的特点来看，它是在模拟人的力感知的基础上进行的控制。模糊控制理论在机器人领域的应用有一定的范围，这是因为单纯的模糊控制无法自主学习，无法自动适应环境的变化。

目前，机器人控制领域中，模糊逻辑控制主要集中在被控过程没有数学模型或很难建立数学模型的工业过程中，这些过程的参数具有时变性及非线性等特征。模糊控制技术不需要建立精确的数学模型，是解决不确定性系统控制问题的一种有效途径。

如图 4-25 所示，在模糊控制回路中，模糊控制器的一个输入是被控系统敏感环节输出的测量量，另外一个输入量是设定值输入；模糊控制器的输出则是被控系统的调节环节输入。

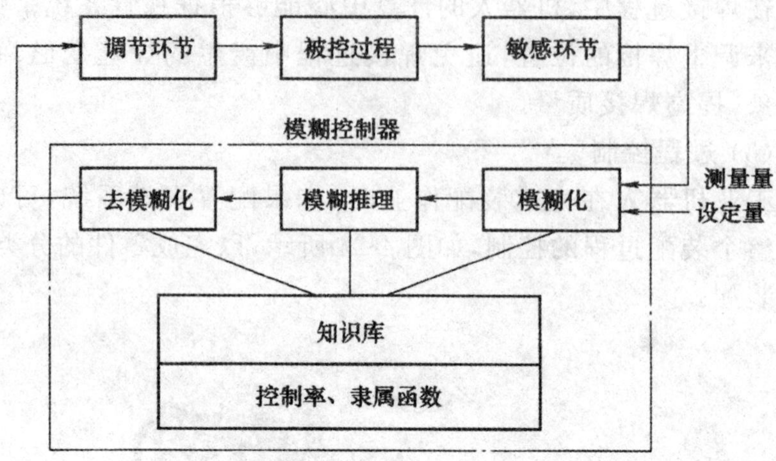

图 4-25　模糊控制系统原理图

在常规控制中可以使用传递函数和数学方程精确地描述控制器的输入、输出特性。例如假设有一个自动调温系统，其常规控制语句如下：

如果室温 $\geqslant$ 27℃，则启动制冷；

如果室温 $>$ 18℃ 且 $<$ 27℃，则不启动调温系统；

如果室温 $\leqslant$ 18℃，则启动加热。

但在模糊控制器中，则是使用语言型模糊控制率来描述模糊控制器的控制特性。模糊控制率是将人类对某一过程的推理和判断知识加以提炼后形成的。对同一个调温系统则有如下描述：

如果室温很低，室温还在微量降低，则全力加热；

如果室温适中，室温不再变化，则不加热；

如果室温偏高，室温微量上升，则中等降温；

如果室温偏高，室温不再变化，则微量降温；

如果室温较高，室温微量上升，则中等降温。

在上述语言描述中，都是根据条件满足的情况得出定性结论。如果用 T 代表室温，dT 代表温度的变化，du 代表加热的大小，再为每个输入量定义出相应的语言值即模糊集：

室温 $T=$ {NB—— 很低，ZR—— 适中，PS—— 偏高，PM——较高}；

室温变化 dT = {NS—— 微量降低，ZR—— 适中，PS—— 微量上升}；

温控量 du = {PB—— 全力加热，ZR—— 加热，NS—— 微量降温，NM—— 中等降温}。则可将上述语言描述改写为

IF T = NB AND dT = NS THEN du = PB；

IF T = ZR AND dT = ZR THEN du = ZR；

OR IF T = PS AND dT = PS THEN du = NM；

OR IF T = PS AND dT = ZR THEN du = NS；

OR IF T = PM AND dT = PS THEN du = NM。

以上描述称为温控模糊控制率。它是将模糊算子 OR 及单一的 IF－THEN 规则连接在一起的模糊控制规则。模糊控制率和隶属函数及推理方法一起决定着模糊控制器的传递特性。

第 5 章　工业机器人的编程技术

目前而言，机器人已经能够代替人类从事复杂而繁重的工作，机器人的连续运转是机器人最终能代替人类大多数劳动的基础，而如何让机器人有条不紊地完成各项任务就需要程序的控制，即机器人语言编程，这和计算机编程是极为相似的。

5.1　工业机器人的编程方式

所谓机器人编程指的是为了让机器人实现某项任务而进行的程序设计。工业机器人的编程是机器人领域的重要技术，它是与机器人所采用的系统相匹配。因此，不同机器人的运行程序的编写方式是不一样的，目前常用的工业机器人编程方法有示教编程、机器人语言编程和离线编程。

1. 示教编程

示教编程是机器人领域最早采用的编程方法之一，到目前为止，它仍然是应用最为广泛的编程方法。这种方式的程序编制是在机器人现场进行的。

示教再现式机器人的工作原理如图 5-1 所示，其工作准确地说可分为两部分，即“示教”过程和“再现”过程。示教期间，操作者通过示教器或手握机器人手臂来操控机器人，使机器人按照相应的指示完成特定的动作。在此阶段，机器人主动学习，将示教的各种信息以信息的方式存储于记忆装置中。在再现阶段机器人调取记忆装置中的信息，以控制机器人完成示教阶段的动作要领。

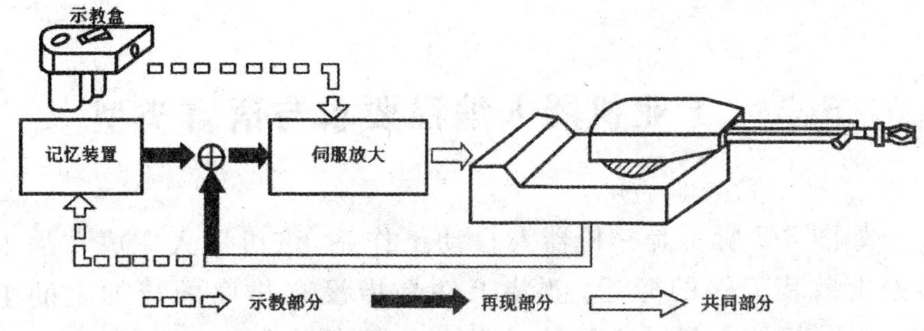

图5-1　示教再现式机器人控制系统工作原理

示教编程的优点是只需要简单的设备和控制装置即可进行，操作简单、易于掌握，而且示教再现过程很快，示教之后即可应用。此外，操作人员在示教时可以随时用眼睛监视机器人的各种动作，可以避免发生错误指令，产生错误动作。然而，它的缺点也是明显的，主要表现如下：

① 编程占用机器人的作业时间。

② 很难规划复杂的运动轨迹及准确的直线运动。

③ 难以与传感信息相配合。

④ 难以与其他操作同步。

2.机器人语言编程

所谓机器人指的是通过专用的机器人语言来描述机器人的运动轨迹。机器人语言编程实现了人机交流，机器人编程语言通用性强，一种编程语言可用于不同类型的机器人。与此同时，机器人编程语言能够实现多台机器人相互协作的问题。

3.离线编程

所谓离线编程是指在专门的软件环境支持下，使用专用或通用程序在离线情况下进行机器人轨迹规划编程的一种方法。这类方法与数控机床中的编制数控加工程序非常相似。离线编程程序通过支持软件的解释或编译产生目标程序代码，最后生成机器人路径规划数据。一些离线编程系统带有仿真功能，这使得在编程时就可解决障碍干涉和路径优化问题。

5.2 工业机器人编程要求与语言类型

如图 5-2 所示是一机器人自动工作站，该机器人完成在加工中心上散装工件的搬运。散装工件是指没有排序的待加工的工件。因此，机器人抓手在取件过程中会遇到很多困难。具有内置视觉感测功能的机器人，取出散装工件时，不需要工件排序装置，可以减少加工场地和设备投入。

图 5-2 机器人在加工中心上散装工件的搬运

机器人的结构和运动均与一般机械不同，因而其程序设计也具有特色，进而对机器人程序设计提出特别要求。

1. 对机器人编程的要求

(1) 能够建立世界模型(World Model)

机器人需要对物体的空间存在状态有明确的认识，因此在编程时，需要建立一组描述物体空间状态的基础坐标系，这个坐标系与大地相连，因此又称为“世界坐标系”。

机器人在一个三维的空间运动，在工作时常需引入其他坐标系，同时还要建立这些坐标系同基础坐标系的变换关系。机器人编程系统应该具备在各种环境下描述物体空间位姿和建立模型的能力。

(2) 能够描述机器人的作业

机器人语言需要制定好详尽的作业顺序，通过语法和词法定义输入语言，并由它描述整个作业。

(3) 能够描述机器人的运动

机器人编程语言最基本的功能就是能够描述机器人需要完成的各项动作。用户能够运用动作语句和路径规划器或发生器连接；用户能够规定路径上的点和目标点；用户能够控制运动的速度和运动的进行时间。

(4) 允许用户规定执行流程

机器人编程系统允许用户规定执行流程，包括试验和转移、循环、调用子程序以致中断等。

(5) 要有良好的编程环境

一个好的编程环境有助于提高程序员的工作效率。

(6) 需要人机接口和综合传感信号

在编程与作业过程中，应保持人与机器之间的交流和沟通的流畅，以便系统出现故障后得到及时的处理。

机器人语言的一个极其重要的部分是与传感器的相互作用。语言系统应能提供一般的决策结构，以便根据传感器的信息来控制程序的流程。

2. 机器人编程语言的类型

机器人语言尽管有很多分类方法，但按照其作业描述水平的程度可分为动作级编程语言、对象级编程语言和任务级编程语言三类。

(1) 动作级编程语言

动作级编程语言是最低一级的机器人语言。它以机器人末端执行器的动作为中心来描述各种操作,通常由使机械手末端从一个位置到另一个位置的一系列命令组成。

动作级语言的每一条指令对应机器人的一个动作,表示从机器人的一个位姿运动到另一个位姿。

动作级编程语言的优点是比较简单,编程容易。其缺点是功能有限,无法进行繁复的数学运算,不能接受复杂的传感器信息,与计算机的互通能力较差,只能接受简单的开关信息。

(2) 对象级编程语言

所谓对象即作业及作业物体本身。对象级编程语言是比动作级编程语言高一级的编程语言,它不需要描述机器人手爪的运动,只要由编程人员用程序的形式给出作业本身顺序过程的描述和环境模型的描述,即描述操作对象之间的关系和机器人与操作对象之间的关系。通过编译程序机器人即能知道如何动作。

(3) 任务级编程语言

任务级编程语言可对工作任务所要达到的目标直接下命令,是比前两类更高级的一种语言,也是最理想的机器人高级语言。这类语言不需要用机器人的动作来描述作业任务,也不需要描述机器人对象物的中间状态过程,只需要按照某种规则描述机器人对象物的初始状态和最终目标状态,机器人语言系统即可利用已有的环境信息和知识库、数据库自动进行推理、计算,从而自动生成机器人详细的动作、顺序和数据。这类语言的代表为普渡大学开发的 RCCL 语言。

5.3 工业机器人语言系统结构和基本功能

5.3.1 工业机器人语言系统的结构

机器人语言实际上是一个语言系统,机器人语言系统既包含语言本身——给出作业指示和动作指示,同时又包含处理系统——根据上述指示来控制机器人系统。机器人语音系统如图 5-3 所示，它能够支持机器人编程、控制，以及与外围设备、传感器和机器人接口；同时还能支持与计算机系统的通信。

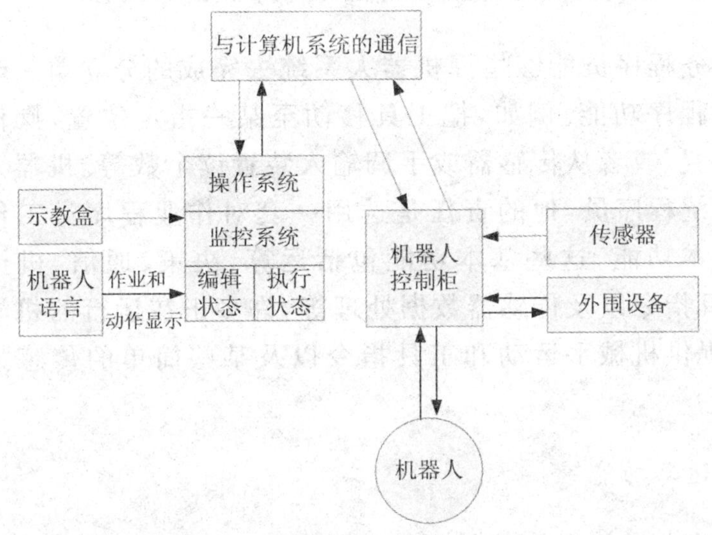

图 5-3　机器人语言系统

机器人语言操作系统包括三个基本的操作状态：监控状态、编辑状态和执行状态。

监控状态是用来进行整个系统的监督控制的。在监控状态，操作者可以用示教盒定义机器人在空间的位置，设置机器人的运动速度，存储和调出程序等。

编辑状态是提供操作者编制程序或编辑程序的。尽管不同语言的编辑操作不同，但一般均包括写入指令、修改或删去指令及插入指令等。

执行状态是用来执行机器人程序的。在执行状态，机器人执行程序的每一条指令，操作者可通过调试程序来修改错误。例如，在程序执行过程中，某一位置关节角超过限制，因此机器人不能执行，在 CRT 上显示错误信息，并停止运行。操作者可返回到编辑状态修改程序。大多数机器人语言允许在程序执行过程中，直接返回到监控或编辑状态。

和计算机编程语言类似，机器人语言程序可以编译，即把机器人源程序换成机器码,以便机器人控制柜能直接读取和执行;编译后的程序,运行速度将大大加快。

5.3.2 工业机器人编程语言的基本功能

任务程序员能够指挥机器人系统去完成的分立单一动作就是基本程序功能。例如,把工具移动至某一指定位置,操作末端执行装置,或者从传感器或手调输入装置读个数等。机器人工作站的系统程序员,他的责任是选用一套对作业程序员工作最有用的基本功能。这些基本功能包括运算、决策、通信、机械手运动、工具指令以及传感器数据处理等。许多正在运行的机器人系统,只提供机械手运动和工具指令以及某些简单的传感数据处理功能。

1. 运算功能

在作业过程中执行的规定运算能力是机器人控制系统最重要的能力之一。

如果机器人未装有任何传感器,那么就可能不需要对机器人程序规定什么运算。没有传感器的机器人只不过是一台适于编程的数控机器。

装有传感器的机器人所进行的一些最有用的运算是解析几何计算,包括机器人的正解答、逆解答、坐标变换及矢量运算等。根据运算结果机器人能自行决定工具或手爪下一步应到达何处。

2. 决策功能

机器人系统能够根据传感器输入信息做出决策,而不必执行任何运算。按照未处理的传感器数据计算得到的结果,是做出下一步该干什么这类决策的基础。这种决策能力使机器人控制系统的功能更强有力。

3.通信功能

机器人系统与操作人员之间的通信能力，允许机器人要求操作人员提供信息、告诉操作者下一步该干什么，以及让操作者知道机器人打算干什么。人和机器能够通过许多不同方式进行通信。即机器人系统与操作人员的通信，包括机器人向操作人员要求信息和操作人员知道机器人的状态、机器人的操作意图等。其中，许多通信功能由外设来协助提供。

4.机械手运动功能

机械手运动是最基本的功能。机械手的运动可由不同方法来描述。最简单的方法是向各关节伺服装置提供一系列关节位置及其姿态信息，然后等待伺服装置到达这些规定位置。

比较复杂的方法是在机械手工作空间内插入一些中间位置。这些程序使所有关节同时开始运动和同时停止运动。用与机械手的形状无关的坐标来表示工具位置是更先进的方法，而且(除X－Y－Z机械手外)需要一台计算机对解答进行计算。在笛卡儿空间内插入工具位置能使工具端点沿着路径跟随轨迹平滑运动。引入一个参考坐标系，用以描述工具位置，然后让该坐标系运动，这对很多情况是很方便的。

5.工具指令功能

一个工具控制指令通常是由闭合某个开关或继电器而开始触发的，而继电器又可能把电源接通或断开，以直接控制工具运动，或者送出一个小功率信号给电子控制器，让后者去控制工具。直接控制是最简单的方法，而且对控制系统的要求也较少。可以用传感器来感受工具运动及其功能的执行情况。

6.传感数据处理功能

传感数据处理是许多机器人程序编制十分重要而又复杂的

组成部分。用于机械手控制的通用计算机只有与传感器连接起来，才能发挥其全部效用。

5.4 常用的工业机器人编程语言

5.4.1 工业机器人编程语言的基本要求

工业机器人编程就是工业机器人为完成某项作业进行程序设计及编制。在机器人专用语言未出现或实用普及前，人们使用通用的计算机语言编制机器人管理和控制程序，其中最常用的语言有汇编、FORTRAN、PASCAL、BASIC、C 语言等。现在所广泛使用的机器人语言也是在通用计算机语言的基础上开发出来的，比如ABB机器人编程用RAPID语言类似C语言；FANUC机器人用 KAREL 语言类似于 PASCAL 语言；MELFA 机器人用 MELFA—BASIC V 语言类似于 BASIC 语言等。

机器人编程语言是一种程序描述语言，它能十分简洁地描述工作环境和机器人的动作，能把复杂的操作内容通过尽可能简单的程序来实现。机器人编程语言也和一般的程序语言一样，具有结构简明、概念统一、容易扩展等特点。

5.4.2 工业机器人编程语言的类别

(1) 动作级

动作级语言是以机器人末端执行器的动作为中心而展开的各类操作，在编程中要细化到每一具体的动作，这是最常用最基本的描述物体运动的方式。

(2) 对象级

对象级语言用以描述操作对象的动作、操作对象之间的关系等。使用这种语言时，必须明确地描述操作对象之间的关系和机器人与操作对象之间的关系，它特别适用于组装作业。

(3) 任务级

任务级语言只要直接指定操作内容就可以了，因此，机器人必须一边思考一边工作，这是一种水平很高的机器人程序语言。

现阶段工业机器人普及应用的编程语言是动作级和对象级语言。

5.4.3　常用品牌机器人编程语言简介

目前欧洲和日本是工业机器人主要供应商，其中瑞士的ABB、德国的库卡(KUKA)、日本的发那科(FANUC) 和安川电机(YASKAWA) 四家占据着工业机器人主要的市场份额，也是工业机器人行业的四大巨头，如图 5-4 所示。

瑞士ABB品牌标志

德国库卡品牌标志

日本发那科品牌标志

日本安川电机品牌标志

图 5-4　工业机器人四大品牌标志

四大品牌的机器人编程语言是机器人编程语言的代表，以下作简要介绍。

1. ABB 工业机器人编程语言 ——RAPID

ABB 工业机器人编程使用的是 RAPID 语言，全称 Robotics Application Programming Interactive Dialogue。它对机器人进行逻辑、运动以及 I/O 控制。RAPID 语言类似于高级编程语言，与 VB 和 C 语言结构相近，所以只要有一般高级语言编程的基础，便能快速掌握 RAPID 语言编程。

对 ABB 机器人编程可以通过示教器和使用 Robot Studio Online 进行在线编辑，也可以使用文本编辑软件在电脑中进行离线编辑，在完成编辑后使用 U 盘或通过网络便可快捷地上传到机器人。

2. KUKA（库卡）工业机器人编程语言 ——KRL

KUKA（库卡）工业机器人编程使用的是 KRL 语言，全称 KUKA Robot Language。KRL 语言同样类似于高级编程语言，与 VB 和 C 语言结构相近，所以只要有一般高级语言编程的基础，便能快速掌握 KPL 语言编程。它提供了丰富的指令，还可以根据自己的需要编制专属的指令集来满足具体应用。

为确保编程简单安全，KUKA 还提供一系列预制的、专门针对常用机器人应用领域的应用软件。软件可以通过脱机编程或直接通过库卡控制面板根据生产环境进行最佳适配。因此仅需几道编程步骤即可提高系统的效率并开始进行加工。

3. FANUC（发那科）工业机器人编程语言 ——KAREL

FANUC（发那科）工业机器人编程使用的是 KAREL 语言。KAREL 来源于计算机编程语言 ——Pascal。它的特点是语法严谨、层次分明、程序易写、可读性强、具有丰富的数据类型和简洁灵活的操作语句。

跟 ABB、KUKA 一样，FANUC 机器人控制系统内也预制了专门针对机器人应用领域的常用应用软件指令，如弧焊指令、寄存器指令、I/O 指令、分支指令、等待指令、偏置指令、程序控制指令和其他常用的指令等，用于完成焊接、搬运、码垛等复杂的工作。

4. YASKAWA（安川）工业机器人编程语言 ——INFORM

YASKAWA（安川）工业机器人编程使用的是 INFORM 语言，类似于 C 语言。从语言结构上看，INFORM 语言由指令和附加项（标记和数字数据）组成，指令用于执行操作和处理，而附加项是按指令类型设定的速度、对间等指令类型分为 I/O 指令、控制指令、操作指令、移动指令等，用于操作机器人完成各种复杂的工作。

5.4.4　KEBA 工业自动化公司及其工业机器人控制系统编程语言简介

KEBA 工业自动化公司(Automation by innovation)成立于 1968 年,总部位于奥地利林茨(Linz),是一家为实现工业自动化服务的一流高科技公司,其商业领域包括塑料行业、机器人、机械和过程自动化、移动和操作等,如图 5-5 所示。

KEBA®

图 5-5　KEBA 品牌标志

我国目前应用于工业领域的机器人大多来自欧洲和日本,但是这些公司只提供完整机器人,不提供单独的控制系统。在目前国内工业机器人领域高速发展的情况下,一个完美的控制方案非常稀缺,而 KEBA 正是机器人控制方案的提供者,它能够做到把运动控制和机器人控制完美结合起来。

现在很多国内的机器人生产商都用 KEBA 系统,比如南京埃斯顿自动化股份有限公司、安徽埃夫特智能装备有限公司、浙江瑞宏机器人有限公司、苏州博实机器人技术有限公司等国内知名品牌。

KEBA 机器人控制系统可以使用 KAIRO 语言编程,也可以使用 Teach Talk 语言编程。一般 Robot 程序开发可以分为两个层面,一层是终端用户级,另一层是专家级。终端用户程序是终端用户运用 KAIRO 编程语言编写的应用程序。终端用户程序可以在手持终端上编写,也可以在 PC 上使用开发工具 Teach Edit 编写或者 PC 上的 Teach View 也可以编写。

5.5 机器人的示教编程、离线编程

5.5.1 在线示教概述

由操作人员使用示教器,编制控制机器人运动、工作的程序,并手动控制机器人运动,记录机器人工作的位置坐标点,以完成整个机器人程序的过程叫在线示教。如图 5-6 所示,典型的在线示教过程是依靠操作人员观察机器人及其末端执行机构相对于作业对象的位姿,通过对示教器的手动操作,反复调整作业坐标点处机器人的位姿、参数,并记录、储存满足作业要求的数据,然后再转入下一作业点坐标、参数等数据的示教,直至整个程序完成。为了示教方便以及获取信息的快捷、准确,操作人员可以选择在不同的坐标系下手动操纵机器人,比如机器人常用的关节坐标系、世界坐标系、工具坐标系等。整个示教过程完毕后,开启机器人自动运行模式,再现示教时记录、储存下来的数据,机器人就可反复再现示教的操作过程。

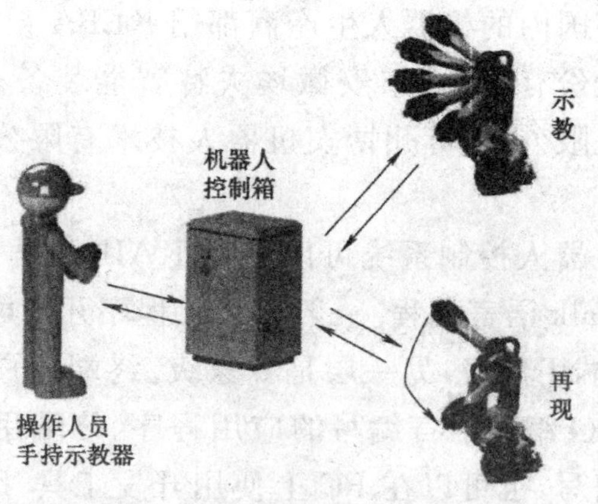

图 5-6 工业机器人在线示教示意图

还有一种机器人作业编程系统,它是依靠人工牵引示教,也称作直接示教或手把手示教。即由操作人员牵引装有传感器的机器人末端执行机构对工件实施作业，机器人实时记录整个运动轨迹、坐标参数和工业要求，然后根据这些数据，准确地再现整个作业过程。该示教方法控制简单，但劳动强度大、操作技巧性高、精度不易保证，所以在大多数场合都是使用示教器示教的方式，只有在特殊工种中才使用此示教方法，比如卫浴陶瓷制品的喷釉工艺、金属工件的喷漆、喷塑工艺等。

5.5.2　在线示教的特点

① 利用工业机器人有较高重复定位精度的优点，降低了系统误差对机器人运动绝对精度的影响，这也是目前机器人普遍采用这种示教方式的主要原因。

② 要求操作人员具有相当的专业知识和熟练的操作技能，并需要现场近距离示教操作，因而具有一定的危险性，安全性相对较差。对工作在有毒、有辐射等环境下的机器人，这种示教方式更加有害操作人员健康。

③ 工业机器人在线示教的精度完全依靠操作人员的观察、经验决定，对于复杂运动轨迹难以取得令人满意的示教效果。

④ 示教过程相对烦琐、费时，需要根据作业任务反复调整末端执行机构的位姿，占用了大量的编程示教时间，时效性较差。

⑤ 出于安全考虑，示教操作时候一般会关闭与外围设备的通信联系，然而，很多时候又需要外围设备的配合作业，所以那时就会难以两全。

⑥ 在柔性制造系统中，这种编程方式无法与CAD数据库链接，这对工厂实现CAD/CAM/Robotics一体化造成了困难。

5.5.3　工业机器人示教编程的语言及常见指令

机器人再现过程的实现关键就是在示教的过程中，机器人把工作单元的作业过程用机器人语言自动编写成程序，机器人语言是由一系列指令组成的。和计算机语言类似，机器人语言可以编译，即把机器人源程序转换成机器码或可供机器人控制器执行的目标代码，以便机器人控制柜能直接读取和执行。一般用户接触到的语言都是机器人公司自己开发的针对用户的语言平台，通俗易懂，在这一层次，每一个机器人公司都有自己的语法规则和语言形式，但是，不论变化多大，其关键特性都很相似，因此，只要掌握一种机器人的示教方法，其他机器人的示教编程就很容易学会。

1. 运动指令

运动指令是机器人示教时最常用的指令，它实现以指定速度、特定路线模式等将工具从一个位置移动到另一个指定位置。在使用运动指令时需指定以下几项内容。

(1) 动作类型

动作类型是指定采用什么运动方式来控制到达指定位置的运动路径。

(2) 位置数据

位置数据是指定运动的目标位置。

(3) 进给速度

进给速度是指定机器人运动的进给速度。

(4) 定位路径

定位路径是指定相邻轨迹的过渡形式，具有以下两种形式：

①FINE 相当于准确停止。当指定 FINE 定位路径时，机器人在向下一个目标点驱动前，停止在当前目标点上。示教：如等待指令，机器人应停止在目标点上来执行该指令，即使用 FINE 定位路径。

②CNT 相当于圆弧过渡，CNT 后的数值为过渡误差，该数值的取值范围为 0 ～ 100。CNTO 等价于 FINE，当指定 CNT 定位路径时，机器人逼近一个目标点但是不停留在这个目标点上，而是向下一个目标点移动，其取值为逼近误差。例如 CNT50，表示目标 P[i] 点到机器人实际运行路径的最短距离为 50 mm。

使用 CNT 和 FINE 时，机器人运动路径如图 5-7 所示。

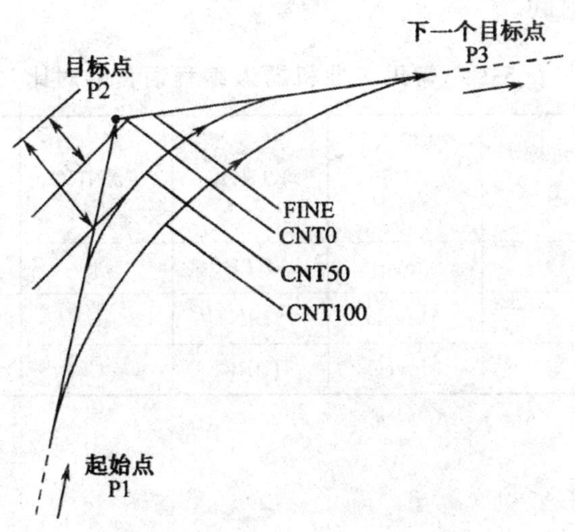

图 5-7　CNT 与 FINE 运动路径图示

(5) 附加运动指令

附加运动指令是指定机器人在运动过程中的附加执行指令。运动指令格式如图 5-8 所示。

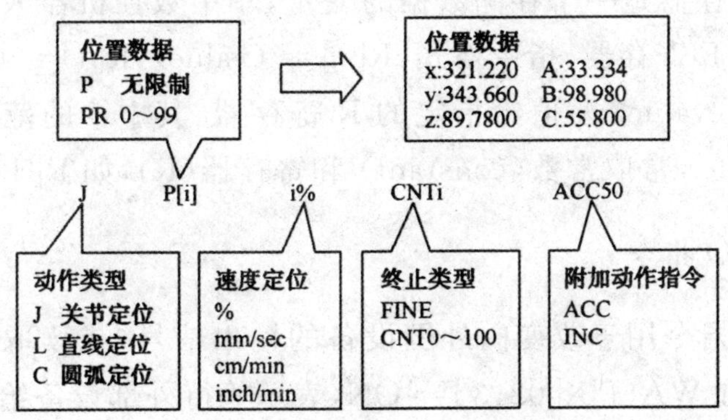

图 5-8　机器人运动指令格式及图解

在程序示教的过程中,使用菜单树中的"运动指令"即可添加标准的运动指令。

例如,华中数控机器人的运动类型分别用"J""L""C"来表示,与 FANUC 机器人运动类型的表示方法相同,而对于相同的运动类型,其他机器人的表示会有所不同,参见表 5-1,但其所表示的意义却相同。

表 5-1　常见工业机器人编程语言的对比

机器人 / 运行方式	ABB	KUKA	FANUC	YASKAWA
点到点(PTP)	MoveJ	PTP	J	MOVJ
直线运动	MoveL	LIN	L	MOVL
圆弧运动	MoveC	CIRC	C	MOVC

2. R 寄存器指令

寄存器指令主要是在寄存器上完成算术运算。根据运算表达式左值的类型，可以将寄存器指令分为：R 寄存器、位置寄存器指令 PR[i] 及位置寄存器轴指令 PR[i,j]。简单作业示教时经常使用的是 R 寄存器。

R 寄存器是一个存储数据的变量，华中数控机器人系统提供了 200 个 R 寄存器。指令格式：R[i] = (value)，R[i] = (value) 指令把数值(value) 赋值给指定的 R 寄存器。其中，i 的范围是 0 ～ 199；(value) 常取常数(constant) 和寄存器(R)，如 R[1] = 500。

3. I/O 指令

I/O 指令用于改变向外围设备的输出信号，或读取输入信号的状态。如 WAIT X[02,3] = ON，表示等待外部设备给机器人一个数字信号；Y[02,3] = ON，表示给外部设备输出一个数字信号。[02,3] 表示机器人信号输出端接线端口。

4. 条件指令

条件指令由 IF 开头，用于比较判断是否满足条件，若满足则执行后面的 JMP 或 CALL 指令。支持的比较运算符有 ＞、＞＝、＝、＜＝、＜、＜＞，还可以使用逻辑与(AND) 和逻辑或(OR) 指令对这些条件语句进行运算。

5. 等待指令

等待指令用于在一个指定的时间段内，或者直到某个条件满足时的时间段内，结束程序的指令，等待指令包括以下两种。

(1) 指定时间的等待指令

等待一个指定的时间(以秒为单位) 后，再执行后续程序。指令格式：WAIT(value)sec，其中 value 值可以为 constant，也可为 R[i]。

示例：

①WAIT 10sec；

②WAIT R[1] sec。

(2) 条件等待指令

等待指定的条件满足后，再执行后续程序。如果没有指定操作(processing)，程序将无限期等待，直到满足指定的条件为止。

6. 流程控制指令

流程控制指令用来控制程序的执行顺序，控制程序从当前行跳转到指定行去执行，流程控制指令包括：标签指令、程序结束指令、无条件跳转指令、子程序调用指令。

(1) 标签指令

标签指令用于指定程序执行的分支跳转的目标。标签一经执行，对于条件指令、等待指令和无条件跳转指令都是适用的。不能把标签序号指定为间接寻址（如 LBL[R[1]]）。指令格式：LBL[i]，其中 i 值为 1 ～ 32 767。

(2) 程序结束指令

程序结束指令标志着一个程序的结束。通过这个指令终止程序的执行，如果该程序是被其他的主程序调用，则控制该子程序返回到主程序中。程序结束指令在新建程序时，系统已自动添加到程序文件的末尾，不需要用户自己添加。指令格式：END。

(3) 无条件跳转指令

无条件跳转指令是指在同一个程序中，无条件地从程序的一行跳转到另一行去执行，即将程序控制转移到指定的标签。指令格式：JMPLBL[i]，其中 i 值为 1 ～ 32 767。

(4) 子程序调用指令

子程序调用指令将程序控制转移到另一个程序（子程序）的第一行，并执行子程序。当子程序执行到程序结束指令(END)时，控制会迅速返回到调用程序（主程序）中的子程序调用指令的下一条指令，继续向后执行。指令格式：CALL（子程序名）。

5.5.4 在线示教的基本步骤

假设我们需要给一个工件涂胶，涂胶的路径是 A 点到 B 点的直线。下面通过在线示教方式为工业机器人输入从 A 点到 B 点的加工程序，如图 5-9 所示，此程序由编号 1 ～ 6 的 6 个示教点组成，每个点的作用见表 5-2。具体示教编程和再现流程如图 5-10 所示。这里要说明的是实际操作中一般都是示教点 1 和示教点 6 设定在同一位置。

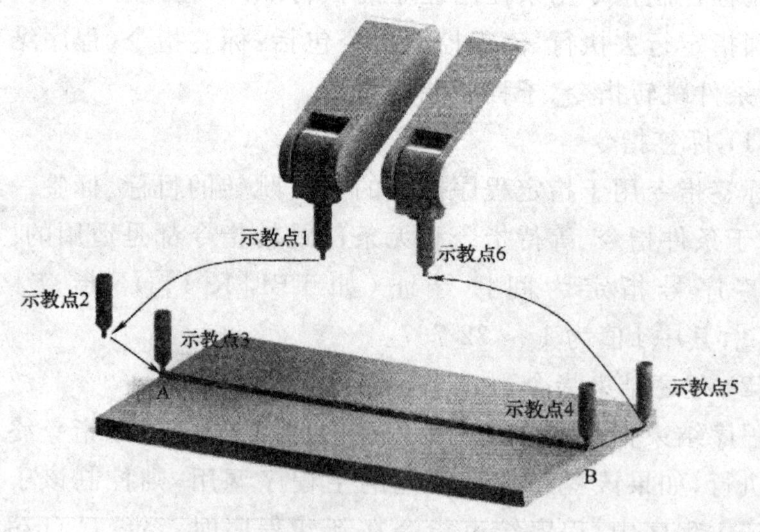

图 5-9　涂胶作业示教点示意图

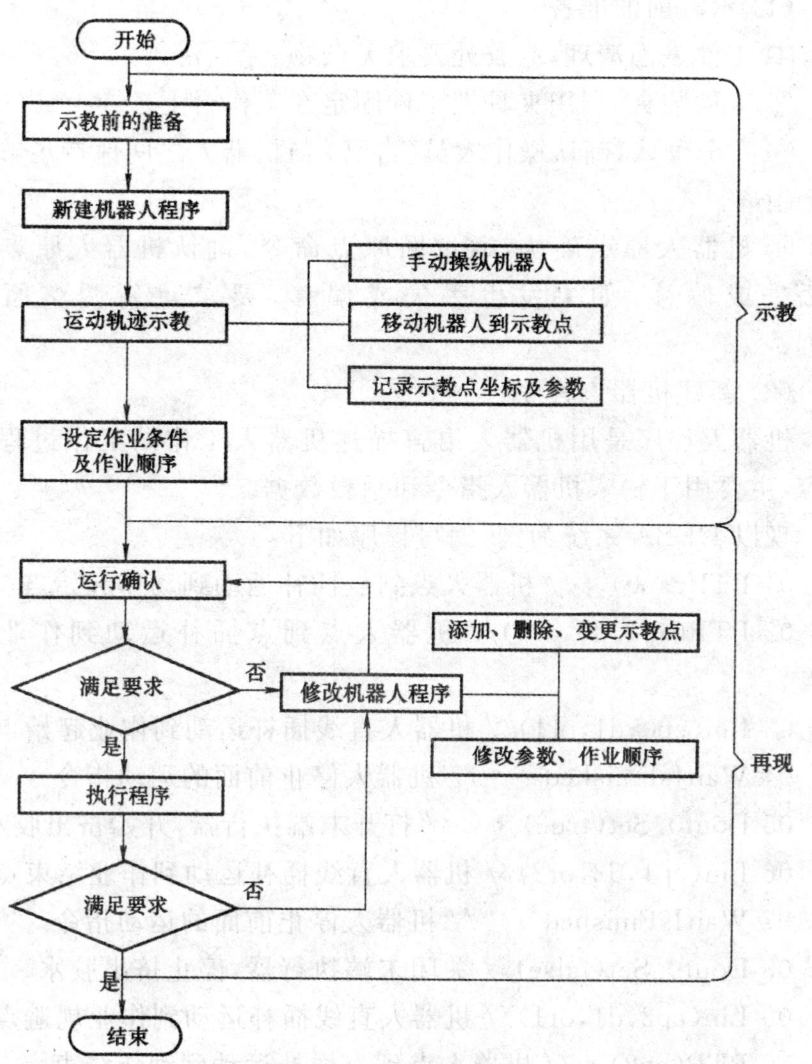

图 5-10　涂胶作业示教编程与再现流程图

表 5-2　示教点作用说明

示教点	作用	示教点	作用
示教点 1	机器人动作起始点	示教点 4	作业结束点
示教点 2	作业临近点	示教点 5	作业规避点
示教点 3	作业起始点	示教点 6	机器人动作结束点

(1) 示教前的准备

① 工件表面清理，涂胶处要求无杂物、无油污。

② 工件装夹，利用夹具把工件固定在工作台上。

③ 安全确认，确认操作人员（自己）与机器人之间保持足够的安全距离。

④ 机器人原点确认，通过回原点命令，确认机器人原点没有丢失或偏移，如果发生丢失或偏移，要求重新调整原点数据。

(2) 新建机器人程序

机器人程序是用机器人语言描述机器人工作站工作过程的内容，主要用于输入机器人指令和示教数据。

现以 KEBA 系统为例，编写程序如下：

```
PTP(ap0)   // 机器人点到点插补运动到动作起始点
PTP(ap1,d0,or0)// 机器人点到点插补运动到作业临近点
Lin(cp0,d1,or1)// 机器人直线插补运动到作业起始点
WaitIsFinished       // 机器人停止前面的运动指令
Dout0.Set(true)       // 打开末端执行器，开始挤出胶水
Lin(cp1,d2,or2)// 机器人直线插补运动到作业结束点
WaitIsFinished       // 机器人停止前面的运动指令
Dout0.Set(false)// 关闭末端执行器，停止挤出胶水
Lin(cp2,d1,or1)// 机器人直线插补运动到作业规避点
PTP(ap2)   // 机器人点到点插补运动到动作结束点
```

这里要说明的是程序中每个示教点（如 ap1、cp2 等）是可以修改名称的，但必须是字母或字母加数字的形式。这里为了简便，就没有修改示教点名称。具体对应关系见表 5-3。而程序中的 d0、or1 等参数都是根据涂胶工艺要求设定的速度、加速度、轴速度、轴加速度、逼近等参数。

表 5-3 示教点对应关系表

示教点	程序点名称	示教点	程序点名称
示教点 1	ap0	示教点 4	cp1
示教点 2	ap1	示教点 5	cp2
示教点 3	cp0	示教点 6	ap2

(3) 示教点的录入与数据、参数存储

根据图 5-9 所示运动轨迹，参照表 5-3，手动操作工业机器人到各个示教点，录入数据、参数。处于待机位置的示教点 1 和示教点 6 要处于与工件、夹具等互不干涉的位置。机器人末端执行器由示教点 5 向示教点 6 移动时，也处于与工件、夹具等互不干涉的位置。

(4) 设定作业动作命令参数及工艺条件参数

本例中，我们设定涂胶动作开始时，需要从示教点 2(作业临近点) 减缓速度到达示教点 3(作业开始点)，然后打开末端执行器，开始出胶，而机器人沿着涂胶轨迹继续运动，直到示教点 4(作业结束点)，关闭出胶，过程中要根据涂胶工艺，控制机器人运动速度及出胶速度，达到均匀涂胶的目的，所以过程中要插入动作命令及记录并储存所有的条件参数。

(5) 验证运行

在完成机器人运动轨迹和作业条件输入后，需试运行测试程序的可行性，以便检查各示教点及参数设置是否正确。其主要目的是检查示教生成的动作及末端执行器的工作位姿是否已经正确记录。一般工业机器人可采用单步运行和连续运行两种方式来验证程序。

① 单步运行：通过逐行逐条执行程序语句，工业机器人实现两个临近示教点间的单步正向或反向运动，结束一条指令，机器人自动暂停。

② 连续运行:通过连续执行机器人程序,从程序当前行执行到末尾,机器人完成整个程序中所有的动作。因程序是连续运行的,所以该方式只能实现正向再现,多用于作业周期的计算。

操作过程为:

加载测试的程序文件;

移动光标到期望验证的程序命令行,然后单击"Set PC"按钮,把光标所在行命令设置为当前执行命令;

先按示教器上 Mot 按钮,使得机器人电动机上电,抱闸解锁,再按 Step 按钮,调整示教器为单步运行状态,然后按 Start 按钮,单步运行程序,进行验证。

(6) 再现涂胶作业

验证运行完毕后,调整模式转换开关(钥匙旋钮),把示教器调整至自动运行状态,然后加载测试完毕的程序,先按 Mot 按钮,机器人电动机上电,抱闸解锁,然后按 Start 按钮,开始再现涂胶作业。

通过上述基本操作过程不难看出,在线示教方式编程时间长、效率较低、也无法应对太过复杂的动作,但是它简单直观,现场即可操作调试完成,仍然是现在工业机器人主要的编程示教方式,其他示教方式这里将不做介绍。

5.5.5 离线编程

1. 离线编程的特点

机器人离线编程是在线示教编程的扩展。机器人离线编程利用计算机图形学的成果,在专门的软件环境下,建立机器人工作环境的几何模型,再利用一些规划算法,通过对图形的控制和操作,在离线情况下进行机器人的轨迹规划编程。

示教编程与离线编程的特点比较见表 5-4。

表 5-4　示教编程与离线编程的特点比较

示教编程	离线编程
需要实际机器人系统和工作环境	需要机器人系统和工作环境的图形模型
编程时机器人停止工作	编程时不影响机器人工作
在实际系统上试验程序	通过仿真试验程序
编程的质量取决于编程者的经验	可用 CAD 方法进行最佳轨迹规划
难以实现复杂的机器人运行轨迹	可实现复杂运行轨迹的编程

从表 5-4 可以看出，离线编程具有如下优点：

① 可以减少机器人非工作时间。当对机器人进行下一个任务编程时，实体机器人仍可在生产线上工作，离线编程不占用机器人的工作时间。

② 使编程者远离危险的编程环境。

③ 使用范围广。离线编程系统可对机器人的各种工作对象进行编程。

④ 便于 CAD/CAM/Robotics 一体化。

⑤ 便于修改机器人程序。

2. 离线编程系统的主要内容

离线编程不仅是机器人实际应用的手段，也是开发和研究机器人任务规划的有力手段。通过离线编程可以建立机器人与 CAD/CAM 之间的联系。

一般情况下，一个实用的离线编程系统应该考虑以下内容：

① 编程系统符合机器人的生产系统工作过程。

② 机器人和工作环境模型与实际吻合。

③ 模拟机器人运动过程要与几何学、运动学及动力学知识相符。

④ 离线编程系统是可视化的。

⑤ 能够进行机器人动态模拟仿真，且具有判断出错的能力。

⑥ 留有传感器接口和仿真功能。

⑦ 具有与机器人控制柜通信的功能。

⑧ 能够提供良好的人机界面,用户可以操作和干预。

3. 离线编程系统的软件架构

典型的机器人离线编程系统的软件架构主要由建模模块、布局模块、编程模块、仿真模块、程序生成及通信模块组成,如图 5-11 所示。

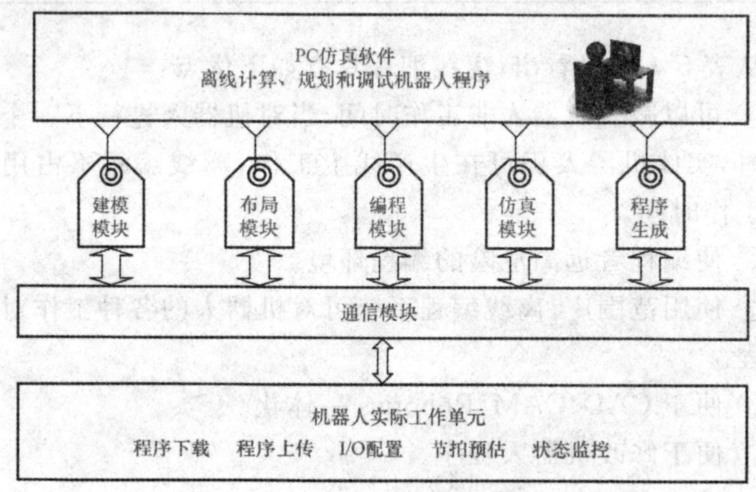

图 5-11 典型机器人离线编程系统的软件架构

(1) 建模模块

建模模块是离线编程系统的基础,为机器人和工件的编程与仿真提供可视的三维几何造型。

(2) 布局模块

按机器人实际工作单元的安装格局,在仿真环境下进行整个机器人系统模型的空间布局。

(3) 编程模块

包括运动学计算、轨迹规划等,前者是控制机器人运动的依据,后者用来生成机器人关节空间或直角空间里的轨迹。

(4) 仿真模块

用来检验编制的机器人程序是否正确、可靠,一般具有碰撞检查功能。

(5) 程序生成

把仿真系统所生成的运动程序转换成被加载机器人控制器可以接收的代码指令,以命令真实机器人工作。

(6) 通信模块

离线编程系统的重要组成部分之一为用户接口和通信接口,前者设计成交互式,可利用鼠标操作机器人的运动,后者负责连接离线编程系统与机器人控制器。

4. 离线编程步骤及示例

机器人离线编程的步骤如图 5-12 所示。

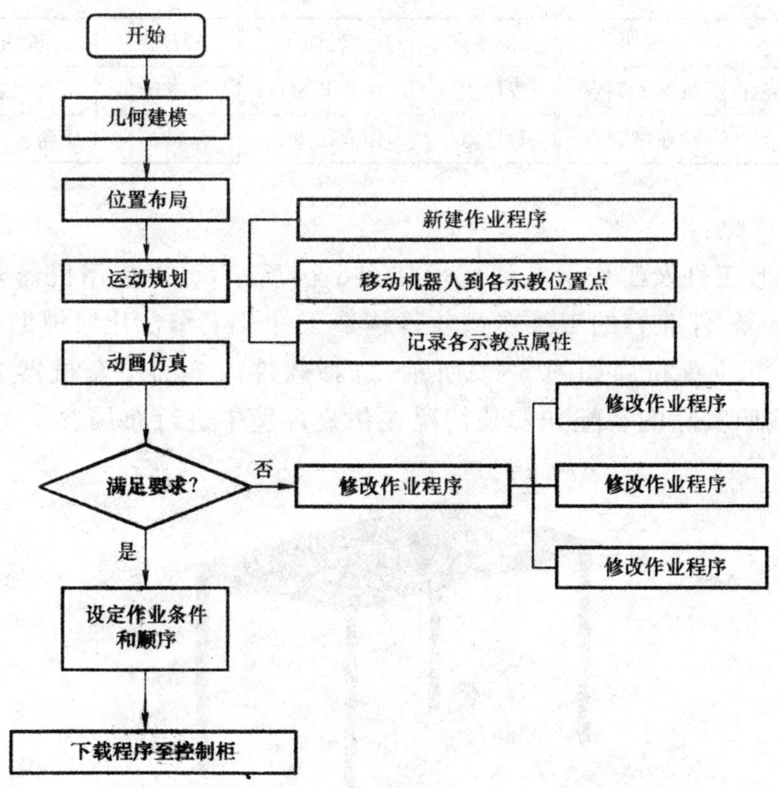

图 5-12　机器人离线编程的步骤

例:要求通过离线方式完成图 5-13 所示工件从 A 点到 B 点的

作业编程,各程序点说明见表 5-5。

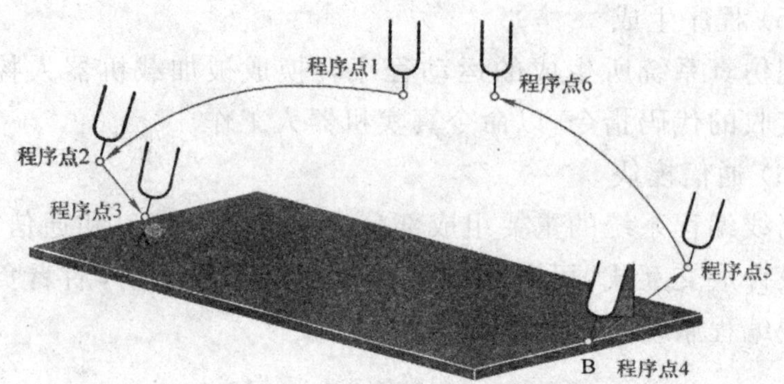

图 5-13 工件 A → B 作业位置

表 5-5 工件 A → B 各程序点位置说明

程序点	说明	程序点	说明	程序点	说明
程序点 1	机器人原点	程序点 3	作业开始点	程序点 5	作业规避点
程序点 2	作业临近点	程序点 4	作业结束点	程序点 6	机器人原点

步骤:

① 工件及工作台几何建模如图 5-14 所示,可以使用机器人离线编程软件兼容的三维造型软件构造工件及工作台几何模型。

② 位置布局如图 5-15 所示,选择软件内置的配套机器人系统,按照实际的装配和安装情况在仿真环境中进行布局。

图 5-14 工件及工作台几何建模

图 5-15　位置布局

③ 运动规划新建作业程序，通过鼠标结合软件可视化界面移动机器人到各程序点位置，记录各点坐标及其属性。在保证末端工具作业姿态的前提下，各程序点的选择应避免机器人与工件、夹具、周边设备等发生碰撞。

④ 动画仿真系统对运动规划的结果是进行三维图形动画仿真，模拟整个作业情况，检查末端工具发生碰撞的可能性及机器人的运动轨迹是否合理，并计算机器人每个工步的操作时间和整个工作过程的循环时间，为离线编程结果的可行性提供参考。

⑤ 程序生成及传输作业程序的仿真结果完全达到要求后，将该作业程序转换成机器人的控制程序和数据，并通过通信接口下载到机器人控制柜，驱动实体机器人执行指定的作业。

⑥ 程序确认出于安全考虑，离线编程生成的目标作业程序在自动运转前需跟踪试运行。

第 6 章　工业机器人工作站及生产线

工业机器人应用非常广泛，而孤立的一台机器人在生产中没有任何应用价值，只有给机器人配以相适应的辅助机械装置等周边设备，形成相应的生产线，机器人才能成为发挥其巨大作用，成为实用的加工设备。

6.1　认识工作站

工业机器人工作站是以工业机器人作为加工主体的作业系统，主要组成部分包括工业机器人、辅助设备以及周边设备。若只有单独的工业机器人，则无法完成生产任务，也无法满足生产需求。只有将这些组成部分集成在一起时，才能发挥各自应有的作用。

机器人工作站能够正常稳定的工作离不开两大“臂膀”的支持，一是硬件，工业机器人、辅助设备以及周边设备的接口应采取统一的定义，使其能够顺畅通信；二是软件，软件将各个设备的信息流进行集中整合，再发布指令控制各个设备正常有序运转。

6.2　在生产中引入工业机器人系统的方法

引入工业机器人系统的工程，可按可行性分析、机器人工作站及生产线的详细设计、制造与试运行、交付使用四个阶段有效地进行。

6.2.1　可行性分析

可行性分析是在生产中引入工业机器人系统的第一步，必须对应用机器人系统的目的和技术要求进行充分了解。对技术上、投资上以及施工过程这三个方面的可行性分析必不可少。

如图 6-1 所示为对技术上和投资上可行性分析的相关内容。

技术上的可能性与先进性

- 用户现场调研
- 相似作业的实例调查
- 作业量及难度分析
- 编制作业流程卡片
- 确定相应的外围设备
- 确定人工干预程度
- 确定工程难点并进行试验取证
- 绘制时序表，确定作业范围并初选机器人型号
- 提出多个相应的规划方案
- 绘制相应的机器人工作站或生产线的平面配置图
- 编制说明文件

投资上的可能性和合理性

- 机器人系统估价
- 外围设备估价
- 控制系统估价
- 安全保护设施估价
- 附加开支估价

图 6-1　技术上和投资上的可行性分析

除了技术上和投资上的可行性分析之外，还要充分考虑工程实施过程中的可能性和可变更性。即在施工过程中，很多设备和元件在出厂制造到项目安装的过程中有可能发生各种问题，必须对其加以充分考虑，设计好替代方案。

6.2.2　机器人工作站和生产线的详细设计

根据可行性分析中所选定的初步技术方案，进行详细的设计、开发、关键技术和设备的局部实验或试制、绘制施工图和编制说明书。各部分具体步骤如图 6-2 所示。

规划及系统设计

- 机器人考查及询价
- 运行系统设计
- 外围设备能力的详细计划
- 设计单位内部的任务划分
- 编制规划单
- 关键问题的解决

布局设计

- 机器人选用
- 作业对象的物流路线
- 操作箱、电器柜的位置
- 维护修理和安全设施配置
- 人-机系统配置
- 电、液、气系统走线

扩大机器人应用范围辅助设备的选用和设计

- 工业机器人用以完成作业的末端操作器
- 工业机器人用以固定和改变作业对象位姿的夹具和变位机
- 工业机器人用以改变机器人动作方向和范围的机座的选用和设计

配套和安全装置的选用和设计

- 为完成作业要求的配套设备的选用和设计
- 安全装置(如围栏、安全门等)的选用和设计
- 现有设备的改造

控制系统设计

- 电气控制线路设计
- 整个系统线路的设计
- 确定系统工作顺序与方法，连锁与安全设计
- 液压气动、电气、电子设备及备用设备的试验
- 机器人线路
- 选定系统的标准控制类型与追加性能

支持系统

- 故障排队与修复方法
- 备用机器的筹备
- 停机时的对策与准备
- 意外情况下救急措施

工程施工设计

- 编写工作系统的说明书
- 标准件说明书
- 编写图纸清单
- 接收检查文本
- 绘制工程制造
- 机器人详细性能和规格的说明书

编制采购资料

- 编写机器人估价委托书
- 编制标准件采购清单
- 维护说明
- 机器人性能及自检结果
- 培训操作要员计划
- 各项预算方案

图 6-2　详细设计的具体内容

6.2.3　制造与试运行

制造与试运行是根据详细设计阶段确定的施工图纸、说明书等开始对机器人进行采购、安装、调试，操作管理人员也要进行相应的培训，具体步骤如图 6-3 所示。

图 6-3　制造与试运行的具体内容

6.2.4　交付使用

交付使用后为达到和保持预期的性能和目标，对系统进行维护和改进，并进行综合评价。具体内容如图 6-4 所示。

运转率检查

·正常运转概率测定　·周期循环时间的测定
·产量的测定　·停车现象分析
·故障原因分析

改　进

·正常生产必须改造事项的选定及实施
·今后改进事项的研讨及规划

评　估

·技术评估　·经济评估
·对现实效果和将来效果的研讨
·再研究课题的确定　·写出总结报告

图 6-4　交付使用的具体内容

由此看出,在工业生产中引入机器人系统是一项相当细致复杂的系统工程,它涉及机、电、液、气、讯等诸多技术领域,必须经过细致认真的研究论证、选型正确的设备才能达到提高生产效率的目的。

6.3　焊接机器人系统

焊接机器人的应用非常广泛,在世界范围内占据了半壁江山。焊接机器人采用自动化操作,不仅能够实现焊接产品的稳定、保证焊接产品的质量,还可持续不断地精准工作,大大提高了生产效率。即使是在有害环境下,机器人也能够正常稳定工作。常见的焊接机器人有点焊机器人和弧焊机器人。

6.3.1 点焊机器人系统

1. 机器人的配套设计

点焊作业在汽车工厂的车体组装工序中十分重要，影响着整个组装工序的时间和费用。因此，要做好引入机器人的配套规划，合理规划和设计生产所要求的规格和条件，采用最佳配备，具体流程如图6-5所示。

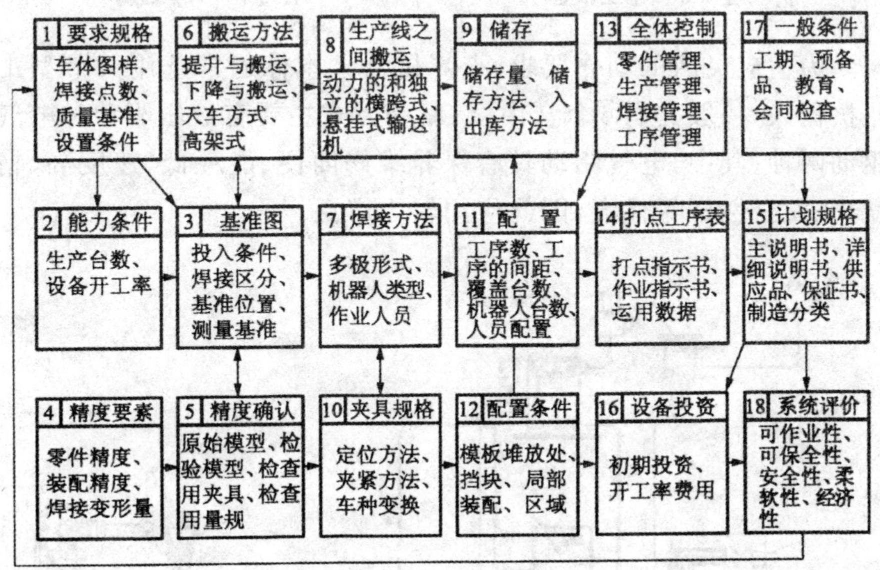

图6-5 设备规划的流程图

例如，传统的手工作业平面布置概况如图6-6所示，图6-7所示为工件焊点的位置。我们根据焊点部位不同选择机器人的类型以及焊枪的形式，并分析机器人的动作范围、焊点姿势、设置形式、作业的循环时间等。

2. 点焊机器人的系统组成

点焊机器人主要由操作机、控制系统和点焊焊接系统三部分组成，如图6-8所示。操作者可通过示教器和操作面板进行点焊机器人运动位置和动作程序的示教,设定运动速度、点焊参数等。点焊机器人按照示教程序规定的动作、顺序和参数进行点焊作业,其过程是完全自动化的。

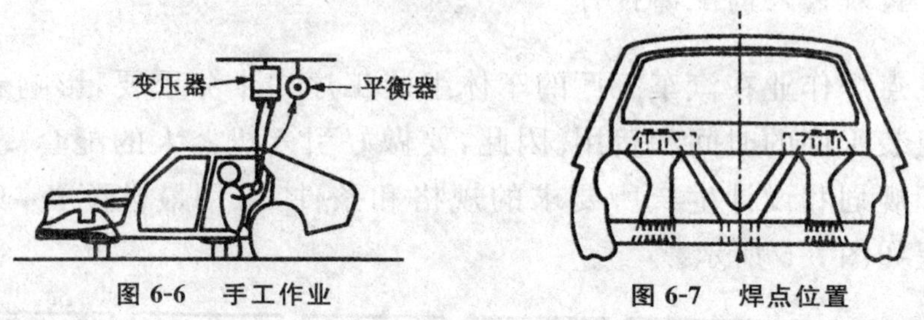

图 6-6　手工作业　　　图 6-7　焊点位置

为适应灵活的动作要求,点焊机器人本体通常选用关节型工业机器人,一般具有6个自由度。驱动方式主要有液压驱动和电气驱动两种。其中,电气驱动具有保养维修简便、能耗低、速度高、精度高、安全性好等优点,因此应用较为广泛。

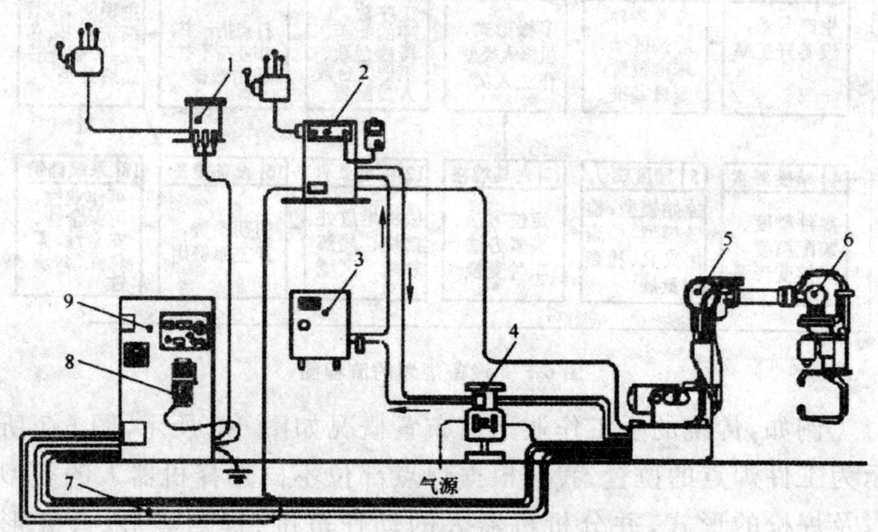

图 6-8　点焊机器人系统组成

1— 机器人变压器;2— 焊接控制器;3— 水冷机;4— 气/水管路组合体;5— 操作机;6— 焊钳;7— 供电及控制电缆;8— 示教器;9— 控制柜

点焊机器人控制系统由本体控制和焊接控制两部分组成。本体控制部分主要是实现机器人本体的运动控制;焊接控制部分则负责对点焊控制器进行控制,发出焊接开始指令,自动控制和调整焊接参数（如电流、压力、时间），控制焊钳的大小行程及夹紧 / 松开动作。

点焊焊接系统主要由点焊控制器（时控器）、焊钳（含阻焊变压器）及水、电、气等辅助部分组成。点焊控制器是点焊焊接系统负责参数输入、焊接控制以及与机器人控制柜、示教器之间的通信联系。

如图 6-9 所示为点焊机器人工作台设备布局。工作站是选用两台 KUKA KR200/49（200 kg 负载，最大工作半径为 2 400 mm）机器人作为搬运机器人和焊接机器人使用，每台机器人由一个机器人控制柜、一台日本小原南京公司生产的 ST21 型点焊控制器（Timer）和一台焊钳修磨器、一套日本 NITFA 公司生产的自动工具快换装置、X 钳和 C 钳的支架保护罩各一套、一台冷水机和一台空气压缩机、一台系统 PLC 控制柜（内有 SIMATIC 的 S7－300 系列 PLC）、ET200S 分布式 I/O、一台带有触摸屏（SIMATIC TP270－10）的操作台、一套水气单元系统（内装有电气比例阀、流量计、手动排水阀等）、上料台、下料台、焊接夹具 A、焊接夹具 B 及安全装置（安全门、光幕）组成。

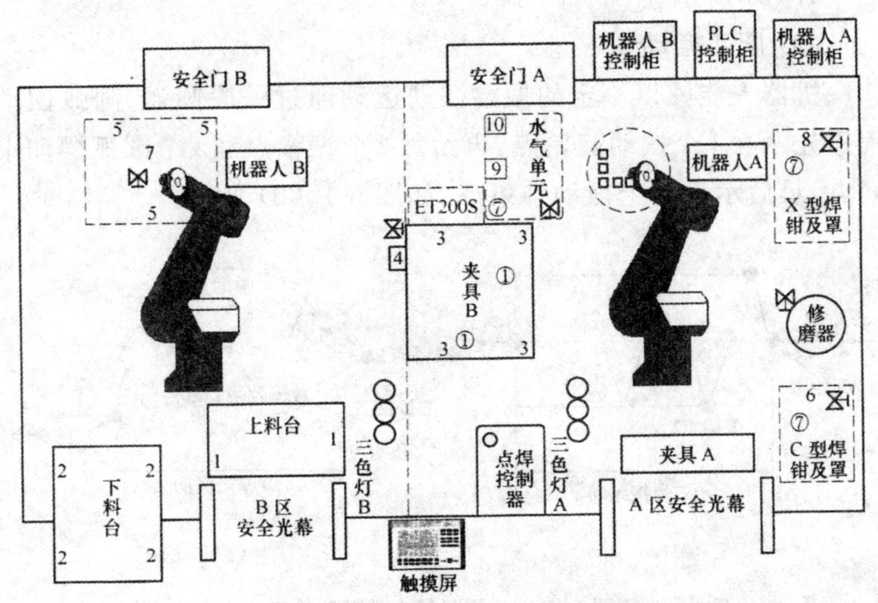

图 6-9　点焊机器人工作台设备布局

两台机器人可以独立进行操作(KUKA A 系统和 KUKA B 系统),也可以组合到一起形成一个系统(KUKA AB 系统),可以通过主操作台上触摸屏的主画面来选择要操作的系统。

6.3.2 弧焊机器人系统

1. 弧焊机器人的弧焊动作

一般而言,弧焊机器人进行焊接作业时主要有 4 种基本的动作形式:直线运动、圆弧运动、直线摆动和圆弧摆动,其他任何复杂的焊接轨迹都可以看成是由这 4 种基本动作形式组合而成的。机器人焊接作业时的附加摆动是为了保证焊缝位置对中和焊缝两侧熔合良好。

(1) 直线摆动

机器人沿着一条直线做一定振幅的摆动运动。直线摆动程序先示教 1 个摆动起始点,再示教两个振幅点和一个摆动结束点,如图 6-10(a) 所示。

(2) 圆弧摆动

机器人能够以一定的振幅摆动运动通过一段圆弧。圆弧摆动程序先示教 1 个摆动起始点,再示教 2 个振幅点和 1 个圆弧摆动中间点,最后示教 1 个摆动结束点,如图 6-10(b) 所示。

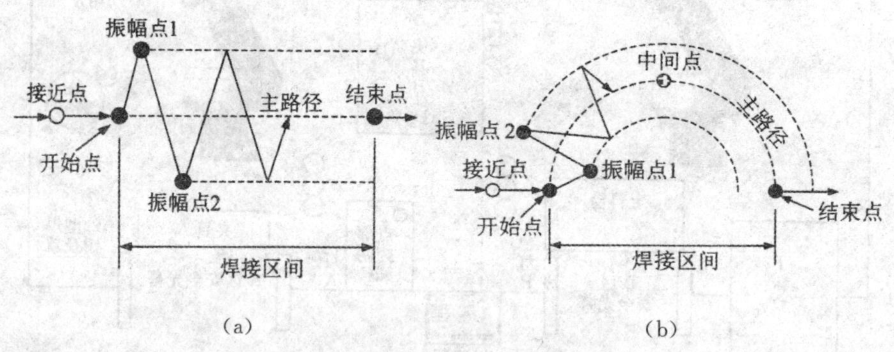

图 6-10 弧焊机器人的摆动示意

(a) 直线摆动;(b) 圆弧摆动

2. 工业机器人弧焊工作站的组成

工业机器人弧焊工作站由弧焊系统、送丝装置、焊接变位机、保护气气瓶总成等组成，整体布置如图 6-11 所示。

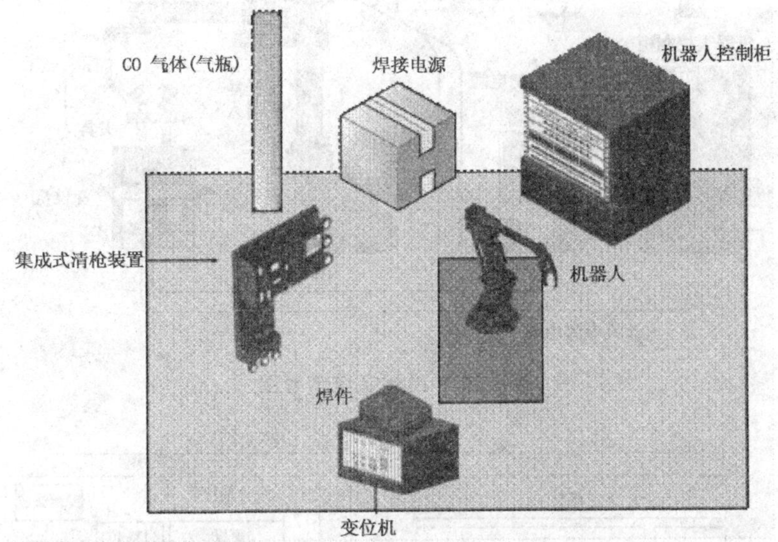

图 6-11　工业机器人弧焊工作站整体布局图

当有多台机器人时，还应有中央控制系统(可编程序控制器 PLC 控制)。

(1) 弧焊系统

弧焊系统分为机器人部分和焊接部分，如图 6-12 所示。

① 机器人部分。系统中机器人采用的是日本安川公司的 MOTOMAN UP6 20kg 机器人，机器人控制器为 XRC，该控制器可以同时控制 27 个轴进行动作，其中包括三台机器人以及九个外部轴。将机器人的各种受控的轴按轴组区分。

② 焊接部分。焊接部分包括焊接电源、送丝器、送丝控制电缆、焊丝架、导丝缆、焊枪、电源电缆、保护气等。

(2) 搬运系统

搬运系统由上、下料台，FANUC M16iB 搬运机器人，R-J3iB 机器人控制柜和夹具组成。

① 搬运机器人及控制柜。R-J3iB 机器人控制柜与周边设备的

连接框图如图 6-13 所示。

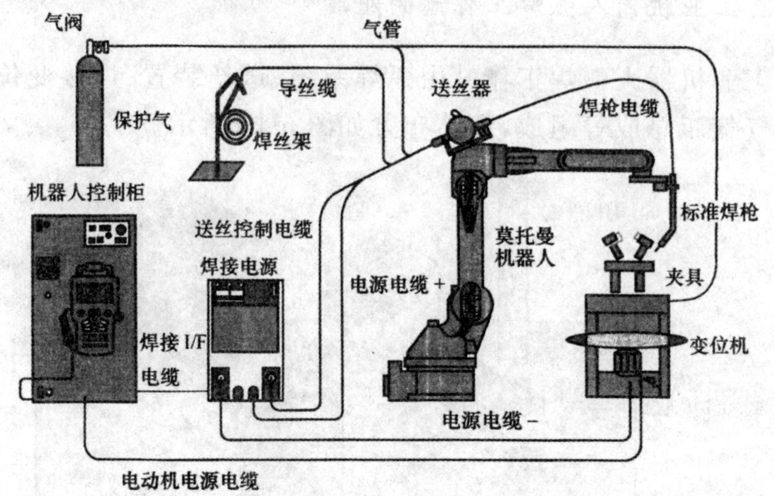

图 6-12　弧焊系统示意图

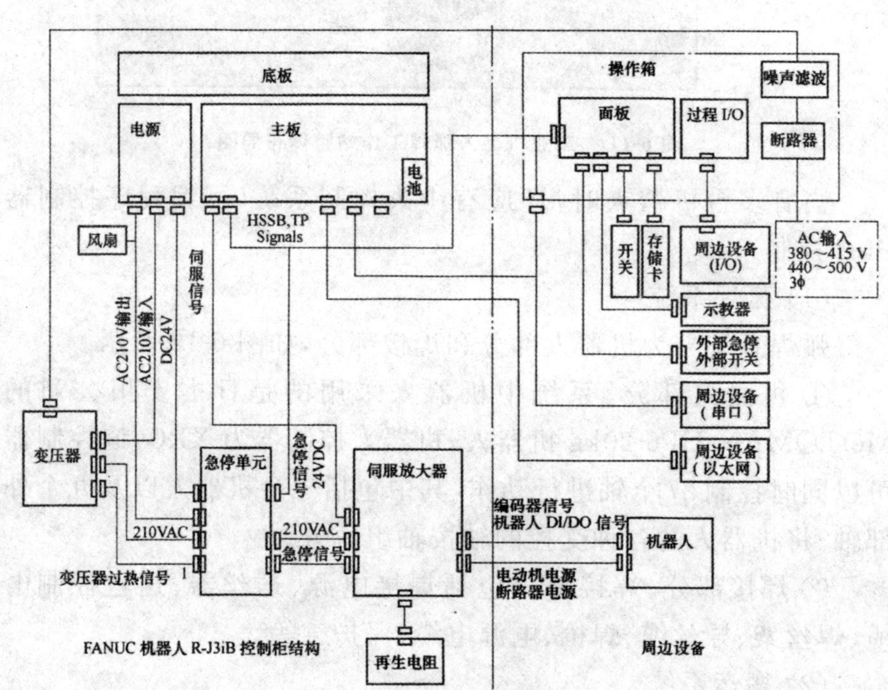

图 6-13　R-J3iB 机器人控制柜与周边设备的连接框图

图 6-13 中周边设备包括上、下料台上安装的工件感知传感器,夹具松开、夹紧位置传感器信号。

② 上、下料台。上、下料台都装有工件感知传感器，传感器信号连接到搬运机器人控制柜，当感知有工件存在时，机器人才去搬运工件。

③ 夹具。夹具有两对夹爪，分别夹持法兰盘和消声器外筒。夹爪是由气缸带动的，气缸上安装有活塞位置限位开关，来检测夹爪的松开和夹紧位置。

下面以华数 HSR-JR608 机器人为例进行介绍。华数 HSR-JR608 机器人为六轴弧焊机器人，由驱动器、传动机构、机械手臂、关节以及内部传感器等组成。它的任务是精确地保证机械手末端执行器（焊枪）所要求的位置、姿态和运动轨迹。华数 HSR-JR608 型机器人主要参数见表 6-1。

表 6-1　华数 HSR-JR608 型机器人主要参数

机构形态		垂直多关节型
自由度		6
最大可搬运质量		8 kg
重复定位精度		±0.08 mm
运动范围	J1 轴（转座回转）	±170°
	J2 轴（下臂）	+155°　−110°
	J3 轴（上臂）	+255°　−165°
	J4 轴（手腕回转）	±200°
	J5 轴（手腕摆动）	+230°　−165°
	J6 轴（手腕回转）	±360°
运动速度	J1 轴	3.44 rad/s，197°/s
	J2 轴	3.05 rad/s，175°/s
	J3 轴	3.26 rad/s，187°/s
	J4 轴	6.98 rad/s，400°/s
	J5 轴	6.98 rad/s，400°/s
	J6 轴	10.47 rad/s，600°/s
本体质量		128 kg

3. 工作站类型

普通弧焊机器人工作站包括机器人系统、焊接系统、工装夹具及安全保护装置。

(1) 可变位弧焊机器人工作站

这种工作站与普通弧焊机器人工作站不同的是，工件在焊接过程中是可以改变位置和姿态的，因此固定工件的工装夹具由变位机来替代，可实现工件在 2 ～ 3 个自由度的位置变化，如图 6-14 所示。在焊接过程中机器人与变位机的动作要相互协调，以达到最好的焊接效果。

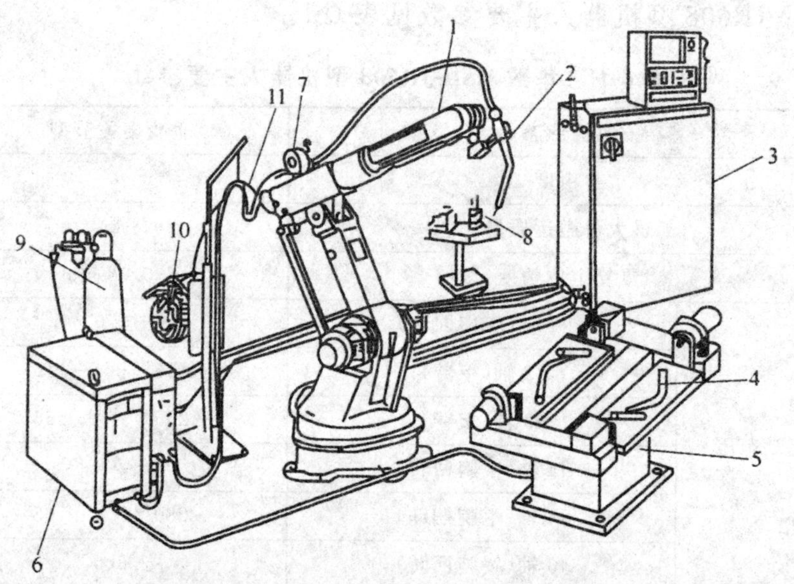

图 6-14　两轴变位机与弧焊机器人组成的工作站

1— 机器人本体；2— 焊枪；3— 机器人控制柜；4— 工件；5— 三轴变位机；6— 焊接电源；7— 送丝机；8— 焊枪清理装置；9— 保护气瓶；10— 焊丝盘支架；11— 送丝软管及保护气管

(2) 多台机器人工作站

多台机器人工作站可以在单台机器人工作站基础上，增加一台搬运装配机器人，进行上下料搬运操作，还可以将待焊工件组装起来，由焊接机器人焊接，也可以让搬运机器人充当变位机，夹持工件变位焊接。

4. 汽车零件自动焊接机器人工作站

引入工业机器人前，工件的焊接作业和搬运作业全部由手工进行。引入工业机器人后的平面布置如图 6-15 所示。该生产线由定位焊接用的机器人 L10 1 台、正式焊接用的机器人 L10 3 台、定位焊接用的夹具 1 台、正式焊接用的夹具 3 台、搬运工件用的自动装料器（工业机器人）3 台等组成。

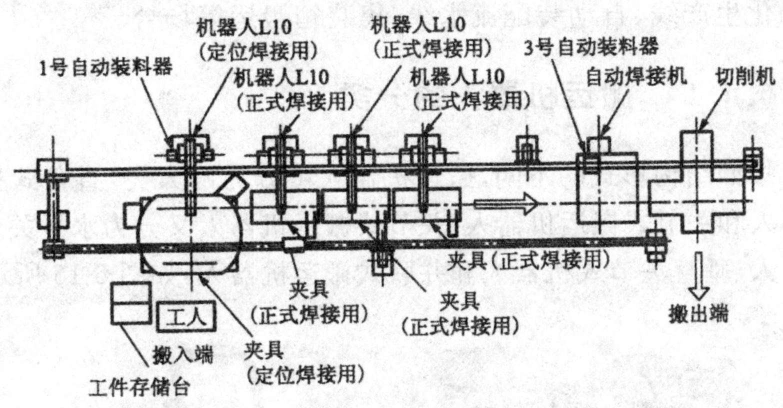

图 6-15　引入工业机器人后的平面布置

引入工业机器人以后，除了用手工把工件安置在定位焊接夹具上外，工件定位、定位焊接、正式焊接及搬运等一切动作都是自动进行的。引入焊接机器人系统后可以使用更少的工作人员完成相同的任务量，不仅提高了产品精度还缩短了循环时间。

6.4　搬运机器人系统

搬运机器人是可以进行自动搬运作业的工业机器人，搬运时其末端执行器夹持工件，将工件从一个加工位置移动至另一个加工位置。

搬运机器人具有如下优点：

① 动作稳定，搬运准确性较高。

② 定位准确，保证批量一致性。

③ 能够在有毒、粉尘、辐射等危险环境下作业，改善工人劳动条件。

④ 生产柔性高、适应性强，可实现多形状、不规则物料搬运。

⑤ 能够部分代替人工操作，且可以进行长期重载作业，生产效率高。

⑥ 降低制造成本，提高生产效益，实现工业自动化生产。

基于以上优点，搬运机器人广泛应用于机床上下料、压力机自动化生产线、自动装配流水线、集装箱搬运等场合。

6.4.1 搬运机器人的分类

按照结构形式的不同，搬运机器人可分为两大类：直角式搬运机器人和关节式搬运机器人，关节式搬运机器人又分为水平关节式机器人、垂直关节式机器人和并联式搬运机器人，如图 6-16 所示。

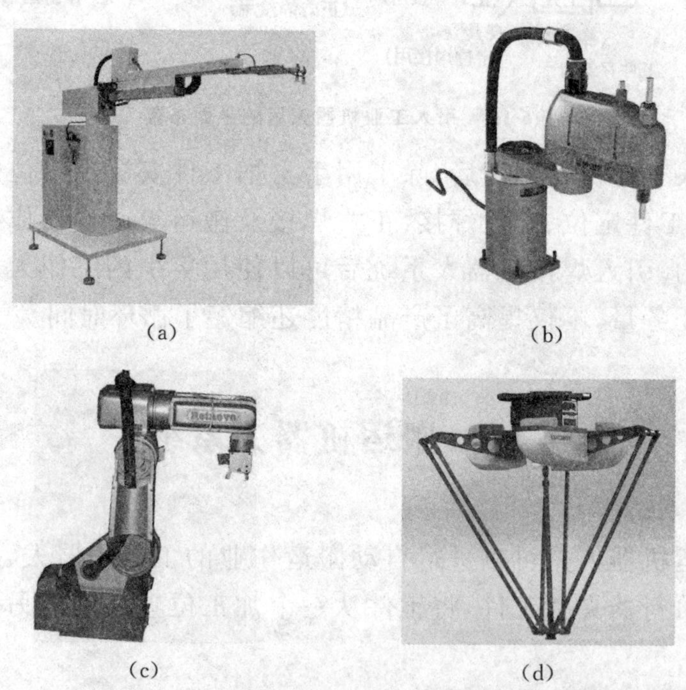

(a)　(b)　(c)　(d)

图 6-16　搬运机器人

(a) 直角式；(b) 水平关节式；(c) 垂直关节式；(d) 并联式

1. 直角式搬运机器人

直角式搬运机器人主要由 x 轴、y 轴和 z 轴组成。多数采用模块化结构，可根据负载位置、大小等选择对应直线运动单元以及组合结构形式。如果在移动轴上添加旋转轴就成为 4 轴或 5 轴搬运机器人。此类机器人具有较高的强度和稳定性，负载能力大，可以搬运大物料、重吨位物件，且编程操作简单，广泛应用于生产线转运、机床上下料等大批量生产过程。

2. 关节式搬运机器人

关节式搬运机器人是目前工业领域应用最广泛的机型，具有结构紧凑、占地空间小、相对工作空间大、自由度高等特点。

(1) 水平关节式搬运机器人

一般为 4 个轴，是一种精密型搬运机器人，具有速度快、精度高、柔性好、重复定位精度高等特点，在垂直升降方向刚性好，尤其适用于平面搬运场合。广泛应用于电子、机械和轻工业等产品的搬运。

(2) 垂直关节式搬运机器人

多为 6 个自由度，其动作接近人类，工作时能够绕过基座周围的一些障碍物，动作灵活。广泛应用于汽车、工程机械等行业，如图 6-17 所示。

图 6-17 垂直关节式搬运机器人

(3) 并联式搬运机器人

多指 Delta 并联机器人,它具有 3～4 个轴,是一种轻型、高速搬运机器人,能安装于大部分斜面,独特的并联机构可实现快速、敏捷动作且非累积误差较低。具有小巧高效、安装方便和精度高等优点,广泛应用于 IT、电子产品、医疗药品、食品等领域,如图 6-18 所示。

(a)

(b)

图 6-18　并联式搬运机器人

6.4.2　搬运机器人系统组成

搬运机器人系统主要由操作机、控制器、示教器、搬运作业系统和周边设备组成。图 6-19 所示为关节式搬运机器人系统组成。

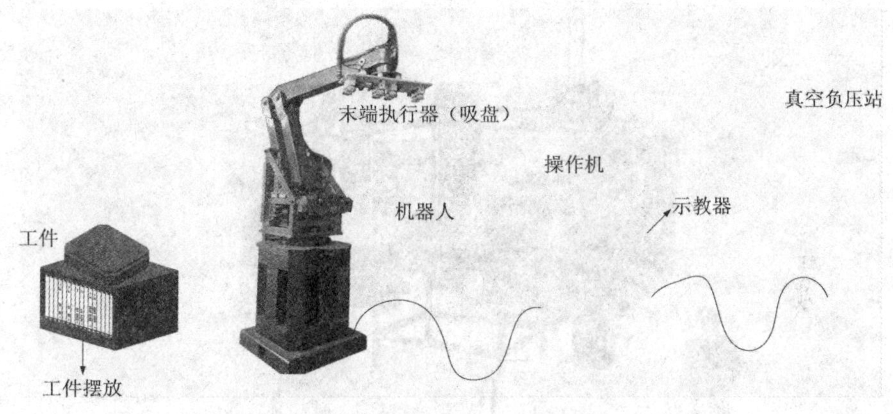

图 6-19　关节式搬运机器人系统组成

1. 搬运作业系统

搬运作业系统主要由搬运型末端执行器和真空负压站组成。通常企业都会有一个大型真空负压站，为整个生产车间提供气源和真空负压。一般由单台或双台真空泵作为获得真空环境的主要设备，以真空罐为真空存储设备，连接电气控制部分组成真空负压站。双泵工作可加强系统的保障性。对于频繁使用真空源而所需抽气量不太大场合，该真空站系统比直接使用真空泵做真空源节约了能源，并有效延长真空泵的使用寿命，提高企业的经济效益。

2. 工位布局

由搬运机器人组成的加工单元或柔性化生产，可完全代替人工实现物料自动搬运，因此搬运机器人工作站布局是否合理将直接影响搬运速率和生产节拍。根据车间场地面积，在有利于提高生产节拍的前提下，搬运机器人工作站可采用 L 形、环状、“品”

字、“一”字等布局。

(1)L 形布局

L 形布局将搬运机器人安装在龙门架上，使其行走在机床上方，可最大限度节约地面资源，如图 6-20 所示。

图 6-20 L 形工位布局

(2) 环状布局

环状布局又称“岛式加工单元”，如图 6-21 所示，以关节式搬运机器人为中心，机床围绕其周围形成环状，进行工件搬运加工，可提高生产效率、节约空间，适合小空间厂房作业。

(3)“一”字布局

“一”字布局如图 6-22 所示，直角机器人通常要求设备成一字排列，对厂房高度、长度具有一定要求，因其工作运动方式为直线编程，故很难满足对放置位置、相位等有特殊要求的上下料作业任务。

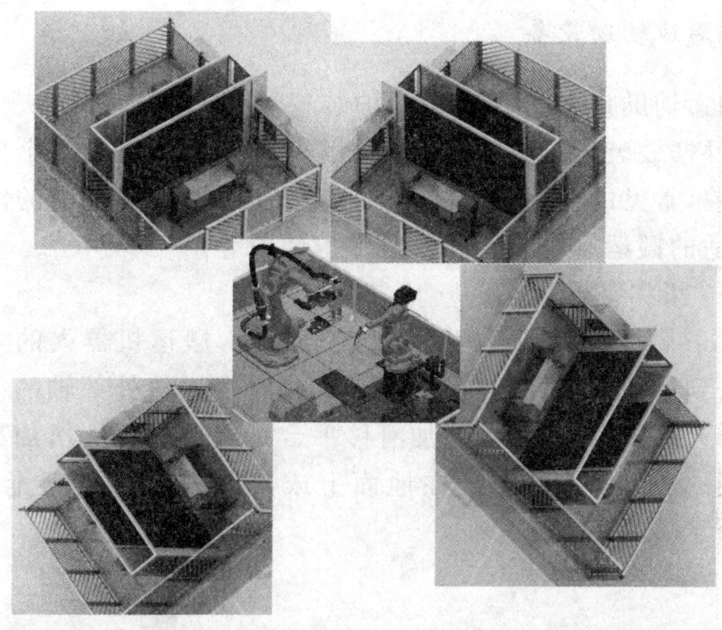

图 6-21　环形工位

图 6-22　“一”字布局

3. 周边辅助设备

周边辅助设备包括安全保护装置、机器人安装平台、输送装置、工件摆放装置等,用以辅助搬运机器人系统完成整个搬运作业。目前,常见的搬运机器人辅助装置有增加移动范围的滑移平台、合适的搬运系统装置和安全保护装置等。

(1) 滑移平台

对于某些搬运场合,由于搬运空间大,搬运机器人的末端工具无法到达指定的搬运位置或姿态,此时可通过外部轴的办法增加机器人的自由度。其中增加滑移平台是搬运机器人增加自由度最常用的方法,其可安装在地面上或安装在龙门框架上,如图 6-23 所示。

(a) (b)

图 6-23 滑移平台安装装置

(a) 地面安装;(b) 龙门架安装

(2) 搬运系统

搬运系统主要包括真空发生装置、气体发生装置、液压发生装置等,均为标准件。一般的真空发生装置和气体发生装置均可满足吸盘和气动夹钳所需动力,企业版常用空气控压站对整个车间提供压缩空气和抽成真空;液压发生装置的动力元件(电动机、液压泵等）布置在搬运机器人周围，执行元件（液压缸）与夹钳一体，需要安装在搬运机器人末端法兰上，与气动夹钳相类似。

6.5　码垛机器人系统

搬运码垛机器人工作站一般具有如下一些特点：应有物品的传送装置，其形式要根据物品的特点选用或设计；可使物品准确定位，便于机器人抓取；多数情况下设有码垛的托板，机动或自动地交换托板；有些物品在传送过程中还要经整型装置整型，以此保证码垛质量；要根据被搬物品设计专用末端操作器；应选用适合于码垛作业的机器人；有时还设置有空托板库。

码垛机器人的主要优点有：

① 结构简单，操作方便，易于保养及维修。

② 能耗低，降低运行成本。

③ 占地面积小，工作空间大，场地使用率高。

④ 柔性高，可以同时处理多条生产线的不同产品。

⑤ 垛型和码垛层数可任意设置，垛型整齐，方便储存及运输。

⑥ 定位准确，稳定性能好。

码垛机器人广泛适用于箱、罐、包袋和板材类等形状货物的码垛，也可根据用户要求进行拆垛作业。

6.5.1　码垛方式

工业应用中，常见的机器人码垛方式有 4 种：重叠式、正反交错式、纵横交错式和旋转交错式，如图 6-24 所示。

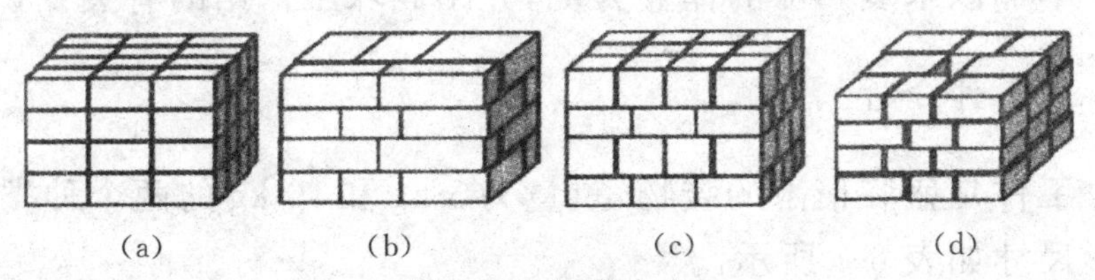

(a)　(b)　(c)　(d)

图 6-24　码垛方式

(a) 重叠式；(b) 正反交错式；(c) 纵横交错式；(d) 旋转交错式

各码垛方式的说明及特点见表 6-2。

表 6-2　各码垛方式的说明及特点

码垛方式	说明	优点	缺点
重叠式	各层码放方式相同,上下对应,各层之间不交错堆码,是机械作业的主要形式之一,适用硬质整齐的物资包装	堆码简单,堆码时间短;承载能力大;托盘可以得到充分利用	不稳定,容易塌垛;堆码形式单一,美观程度低
正反交错式	同一层中,不同列的货物以 90°垂直码放,而相邻两层之间相差 180°。这种方式类似于建筑上的砌砖方式,相邻层之间不重缝	不同层间咬合强度较高,稳定性高,不易塌垛;美观程度高;托盘可以得到充分利用	堆码相对复杂,堆码时间相对加长;包装体之间相互挤压,下部分容易压坏
纵横交错式	相邻两层货物的摆放旋转 90°,一层成横向放置,另一层成纵向放置,纵横交错堆码	堆码简单,堆码时间相对较短;托盘可以得到充分利用	不稳定,容易塌垛;堆码形式相对单一,美观程度相对低
旋转交错式	第一层中每两个相邻的包装体互为 90°,相邻两层间码放又相差 180°,这样相邻两层之间互相咬合交叉	稳定性高,不易塌垛;美观程度高	中间形成空穴,降低托盘利用效率;堆码相对复杂,堆码时间相对长

6.5.2　码垛机器人工作站

本节以米袋码垛的作业为例,介绍码垛工作站的有关知识。

1. 工件分析

工件是盛装精米的袋物,重量为 5 kg 和 10 kg 的两个种类,其外形尺寸如表 6-3 所示。

表 6-3　工件外形尺寸

袋重量	L/mm	W/mm	T/mm	
5 kg	390	20	60	
10 kg	440	300	80	

米袋由机器人码放在托板上，托板的尺寸及外形如图 6-25 所示。为便米袋在托板上码放稳固，相邻两层米袋要错位排列，排列规律如图 6-26 所示，图中的数字表示该层米袋的码放顺序。每块托板上码放 10 层，生产率为每小时完成 720 袋的码放。

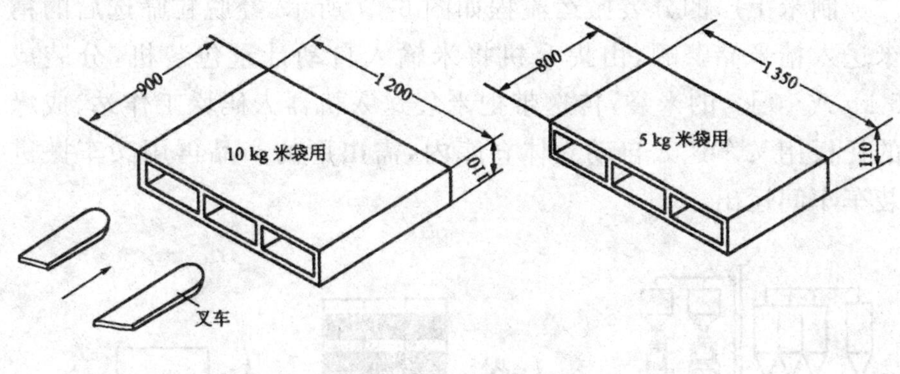

图 6-25　托板的外形尺寸

5 kg 米袋码放排列

奇数层

1 3 6 9
4 7
2 5 8 10

偶数层

1 4 7 8
2 2
3 5 7 10

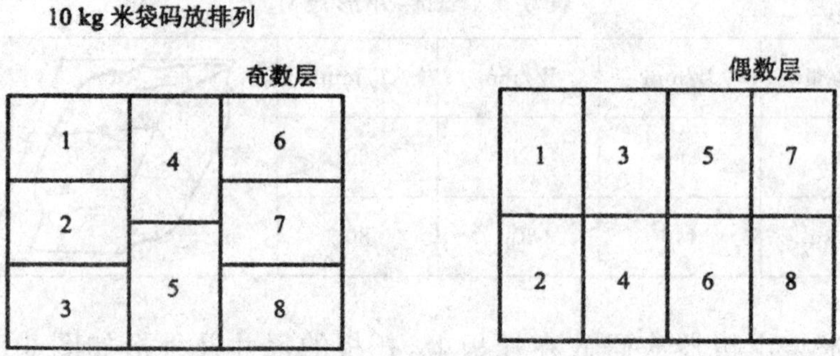

10 kg 米袋码放排列

奇数层

1 4 6
2 7
3 5 8

偶数层

1	3	5	7
2	4	6	8

图 6-26 米袋码放的排列

2. 工作站总体布局

制米工厂的分装搬运流程如图 6-27 所示。经脱粒筛选后的精米送入精米储藏罐,由提升机将米输入自动计量包装机,分装成 5 kg 或 10 kg 的米袋,传送带把米袋送入机器人码垛工作站,成垛的托板用叉车送入自动立体仓库内,需出厂的产品再用叉车搬进装车车间运出。

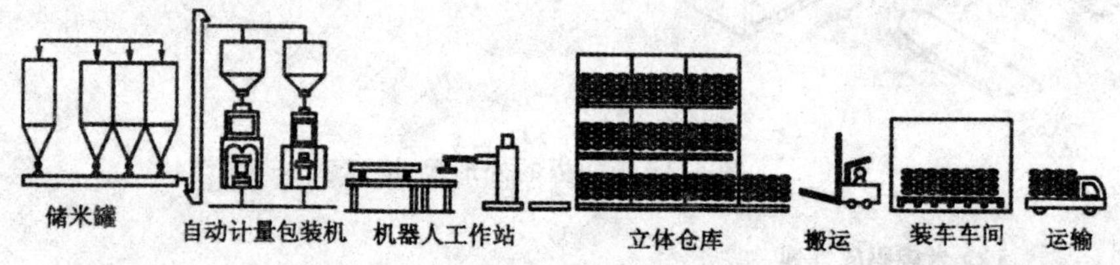

图 6-27 制米工厂分装搬运流程图

机器人工作站的任务是将传送带运出的米袋按预定的要求堆码成垛,该工作站的总体布局如图 6-28 所示。空托板的送入及成垛托板的移出用叉车完成。设有 A 和 B 两个码垛位,当机器人在其中一个码垛上操作时,叉车在另一位置上操作。为了保证设备以及工人人身安全,机器人只有在安全门关闭的情况下才会在关闭后的位置上码垛。

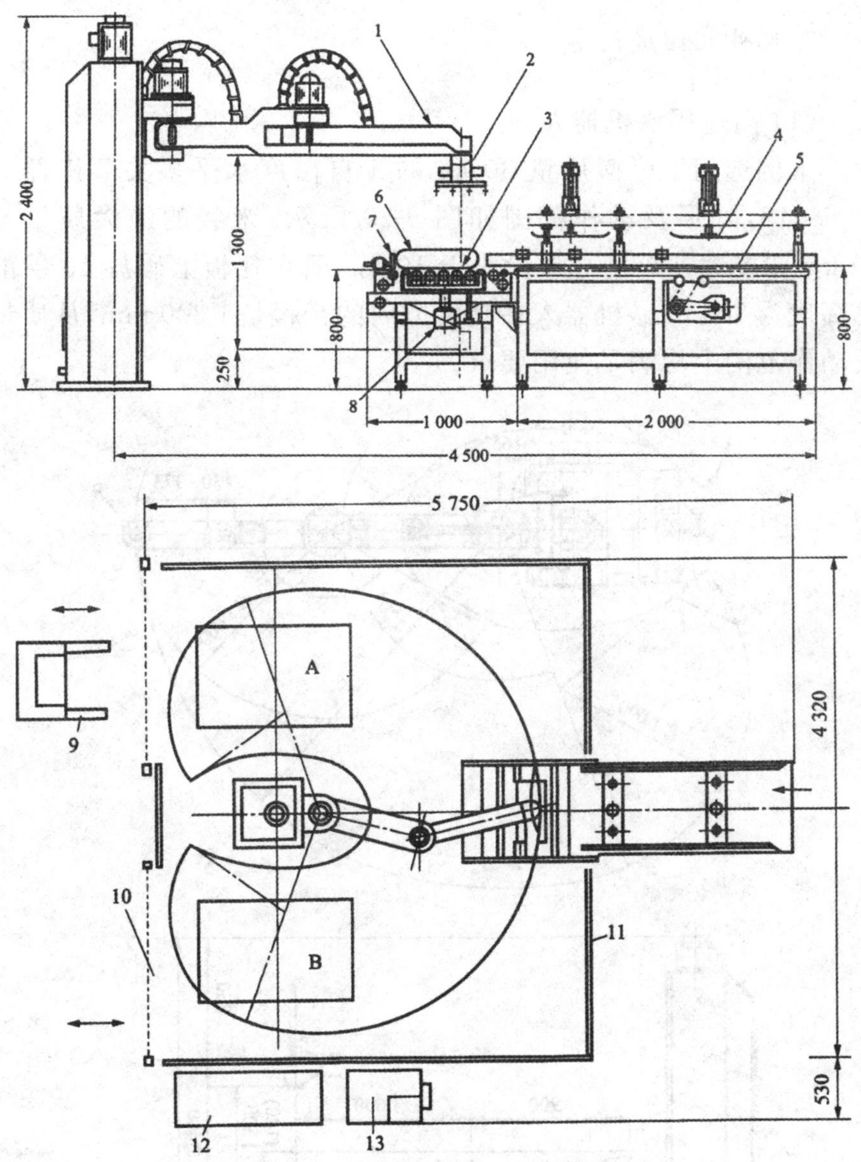

图 6-28　米袋机器人工作站总体布局

1— 搬运机器人；2— 末端操作器；3— 定位传送带；4— 整压装置；5— 整形传送带；6— 米袋；7— 挡块；8— 升降机构；9— 叉车；10— 安全门；11— 安全栅；12— 电控柜；13— 机器人控制柜

3. 部件及组成设备

(1) 高速码垛机器人

本例选用了可搬质量 30 kg 的 4 自由度水平多关节机器人 M-S304S,外形及动作范围如图 6-29 所示。米袋的最大质量是 10 kg,末端操作器的总质量小于 10 kg,而在托板上码放 10 层的总高度为 800 mm,机器人在高度方向的行程是 1 300 mm,从质量及动作范围上均满足使用要求。

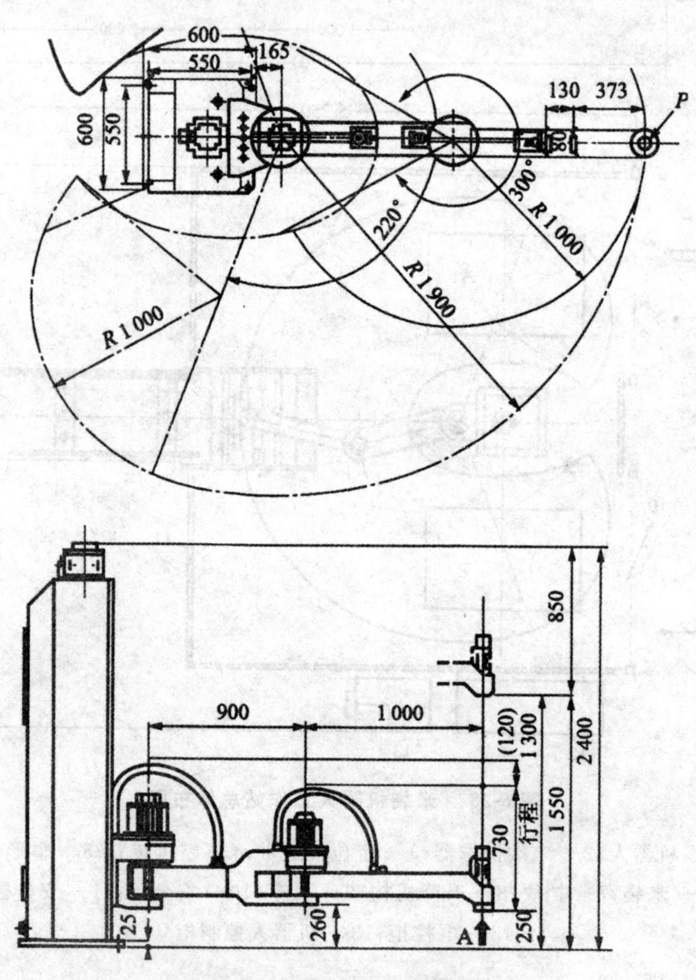

图 6-29　M-S304S 外形尺寸和工作空间图

（2）倒袋机

将输送过来的袋装物料按预定程序进行倒袋和转位，并输送到下道工序，如图 6-30 所示。

（3）整形机

袋装物料经整形机辊子的压紧、整形，使袋内可能存在的积聚物均匀散开，并输送到下道工序，如图 6-31 所示。

图 6-30　倒袋机

图 6-31　整形机

（4）机器人的末端操作器

米袋是软包装产品，在作业过程中容易撕裂、破损和变形，搬运时易产生米袋位置的变化。这种工件不宜采用真空吸盘，为此专门研制了机构型末端操作器，如图 6-32(a) 所示。它由两部分组成，即滚轮叉形爪和定位爪。滚轮叉形爪由无活塞杆气缸 1 驱动，定位爪由导杆气缸 2 驱动，其动作过程如图 6-32(b) 所示。

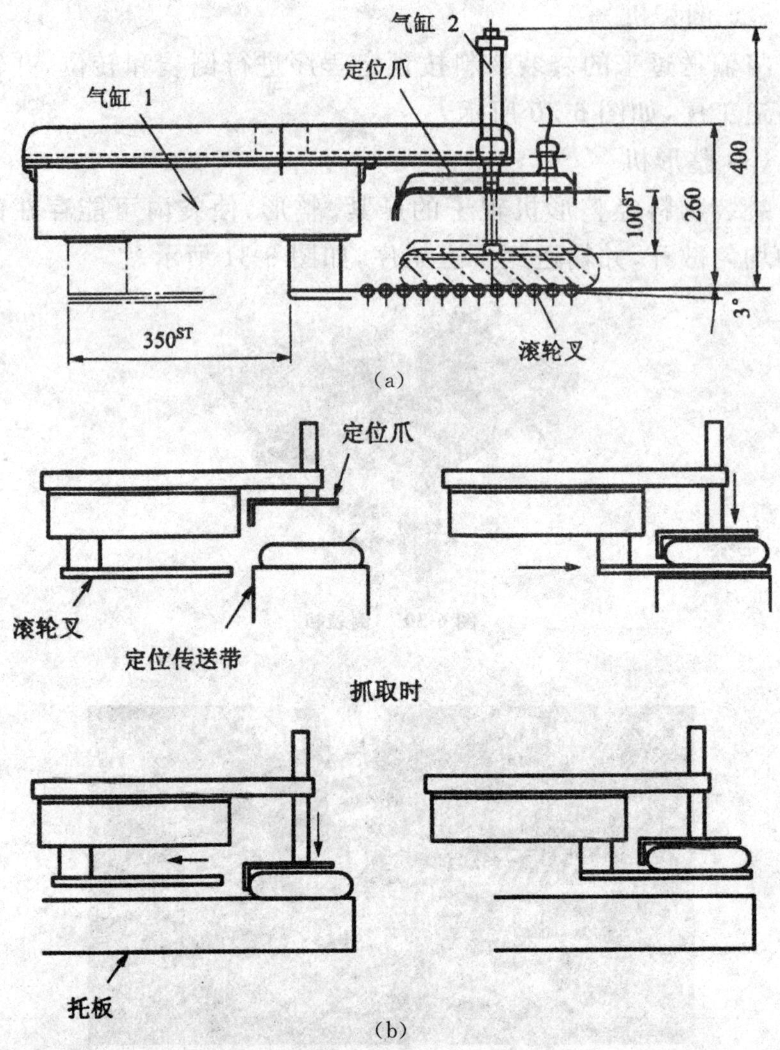

图 6-32　末端操作器及动作顺序

(a) 机器人末端操作器；(b) 动作顺序

(5) 传送带

输送带广泛用于输送各种固体块状和粉料状物料袋或成件物品等，对于不同形状的码垛物、生产线规格等可选择不同形式的输送带，如图 6-33 所示。

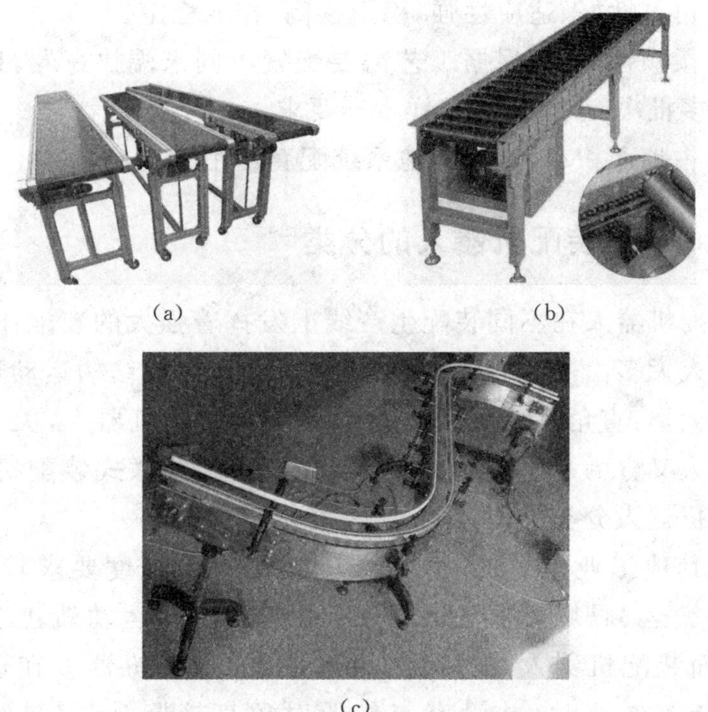

(a)　　(b)

(c)

图 6-33　输送带

(a) 带式输送带；(b) 滚筒式输送带；(c) 弯道式输送带

本例中所使用的输送带为带式输送带，米袋在输送带上的位置由光传感器检测。

6.6　装配机器人系统

装配机器人广泛应用于各种电器制造、汽车及其零部件、计算机、医疗、食品、太阳能、玩具、机电产品及其组件的装配等领域。其主要优点有：

① 操作速度快，加速性能好，缩短工作循环时间。

② 精度高，具有极高的重复定位精度，保证装配精度。

③ 提高生产效率，解放单一繁重体力劳动。

④ 改善工人劳作条件，摆脱有毒、有辐射装配环境。

⑤ 可靠性好、适应性强，稳定性高，作业稳定。

⑥ 柔顺性好。可根据工艺需要配置不同末端执行器，以满足生产线多批次、小批量的多样生产要求。

⑦ 占地面积小，能与其他系统配套使用。

6.6.1 装配机器人的分类

装配机器人在不同装配生产线上发挥着强大的装配作用，装配机器人大多由 4 ～ 6 轴组成。装配机器人按照结构运动形式可分为两大类：直角式装配机器人和关节式装配机器人，关节式装配机器人又分为水平关节式、垂直关节式和并联式装配机器人。与搬运机器人分类类似，在此不再赘述。

与其他工业机器人相比，装配机器人的精度要求较高。原因在于搬运、码垛机器人等在移动物料时，其运动轨迹多为开放性，而装配机器人是一种约束运动类操作；机器人在进行焊接、涂装等作业时，并没有与作业对象直接接触，仅进行运动轨迹示教，而装配机器人需要与作业对象直接接触，并进行相应动作。

6.6.2 装配机器人的作业系统

装配机器人的作业系统主要由搬运型末端执行器和真空负压站组成，而操作机自带视觉系统。

1. 末端执行器

装配机器人的末端执行器是夹持工件移动的一种夹具，类似于搬运、码垛机器人的末端执行器，常见的装配执行器有吸附式、夹钳式、专用式和组合式。

(1) 吸附式

吸附式末端执行器在装配中仅占一小部分，广泛应用于电视、录音机、鼠标等轻小工件的装配场合。

(2) 夹钳式

夹钳式手爪是装配过程中最常用的一类手爪,多采用气动或伺服电动机驱动,闭环控制配备传感器可实现准确控制手爪启动、停止及其转速,并对外部信号做出准确反映。夹钳式装配手爪具有重量轻、出力大、速度高、惯性小、灵敏度高、转动平滑、力矩稳定等特点,其结构类似于搬运作业夹钳式手爪,但又比搬运作业夹钳式手爪精度高、柔顺性高。

(3) 专用式

专用式手爪是在装配中针对某一类装配场合单独设计的末端执行器,且部分带有磁力,常见的主要是螺钉、螺栓的装配,同样亦多采用气动或伺服电动机驱动。

(4) 组合式

组合式末端执行器在装配作业中是通过组合获得各单组手爪优势的一类手爪,灵活性较大,多用于机器人需要相互配合装配的场合,可节约时间、提高效率。

2. 视觉传感系统

带有传感系统的装配机器人可更好地完成销、轴、螺钉、螺栓等柔性化装配作业,在其作业中常用到的传感系统有视觉传感系统、触觉传感系统等。

(1) 视觉传感系统

配备视觉传感系统的装配机器人可依据需要选择合适的装配零件,并进行粗定位和位置补偿,完成零件平面测量、形状识别等检测,其视觉传感系统原理如图 6-34 所示。

(2) 触觉传感系统

装配机器人的触觉传感系统主要是实时检测机器人与被装配物件之间的配合,机器人触觉可分为接触觉、接近觉、压觉、滑觉和力觉等五种传感器。在装配机器人进行简单工作过程中常用到的有接触觉、接近觉和力觉等传感器,下面简单介绍。

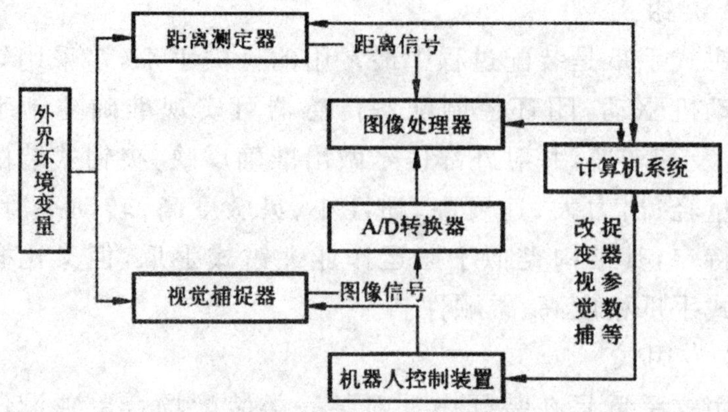

图 6-34　视觉传感系统原理

① 接触觉传感器。接触觉传感器一般固定在末端执行器的顶端,顾名思义,只有末端执行器与被装配物件相互接触时才起作用。接触觉传感器由微动开关组成,如图 6-35 所示。其用途不同配置也不同,可用于探测物体位置、路径和安全保护,属于分散装置,即需要将传感器单个安装到末端执行器敏感部位。

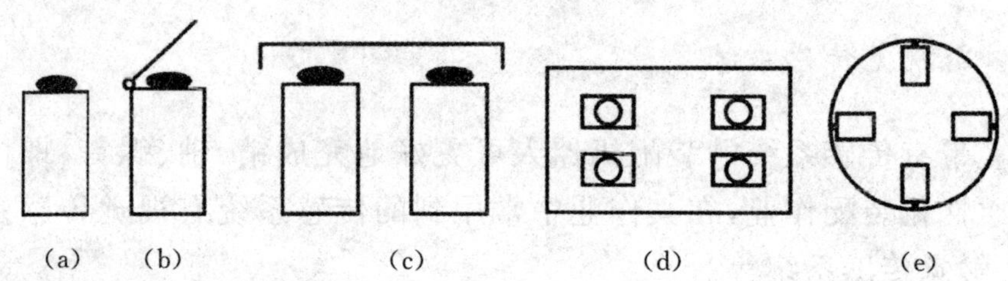

图 6-35　接触觉传感器

(a) 点式;(b) 棒式;(c) 缓冲器式;(d) 平板式;(e) 环式

② 接近觉传感器。接近觉传感器同样固定在末端执行器的顶端,其在末端执行器与被装配物件接触前起作用,能测出执行器与被装配物件之间的距离、相对角度甚至表面性质等,属于非接触式传感,常见接近觉传感器如图 6-36 所示。

③ 力觉传感器。力觉传感器普遍用于各类机器人中,在装配机器人中力觉传感器不仅用于末端执行器与环境作用过程中的力测量,而且用于装配机器人自身运动控制和末端执行器夹持物体的夹持力测量等场合。常见装配机器人力觉传感器分为如下

几类：

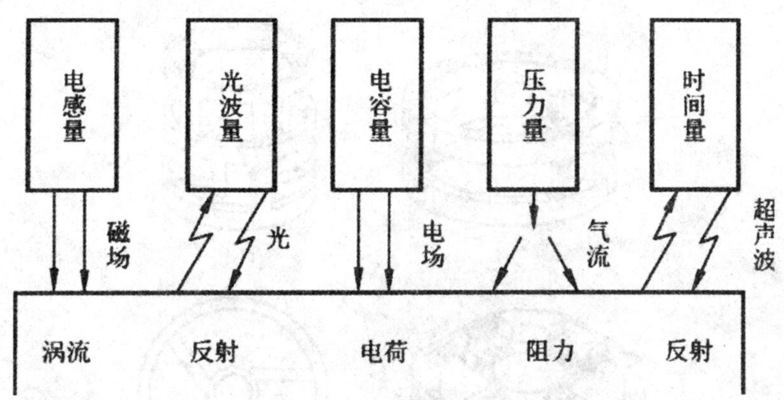

图 6-36　接近觉传感器

a. 关节力传感器，即安装在机器人关节驱动器的力觉传感器，主要测量驱动器本身的输出力和力矩。

b. 腕力传感器，即安装在末端执行器和机器人最后一个关节之间的力觉传感器，主要测量作用在末端执行器各个方向上的力和力矩。

c. 指力传感器，即安装在手爪指关节上的传感器，主要测量夹持物件时的受力状况。

关节力传感器测量关节受力，信息量单一，结构也相对简单；指力传感器的测量范围相对较窄，也受到手爪尺寸和重量的限制；而腕力传感器是一种相对较复杂的传感器，能获得手爪三个方向的受力，信息量较多，安装部位特别，故容易产业化，图 6-37 所示为几种常见的腕力传感器。

3. 周边设备

周边设备包括安全保护装置、机器人安装平台、输送装置、工件摆放装置、零件供给器等，用以辅助装配机器人系统完成整个装配作业。

为了确保装配作业正常进行，有时需要零件供给器提供机器人装配作业所需要的零部件。在目前生产应用中，使用较多的零件供给器是给料器和托盘。

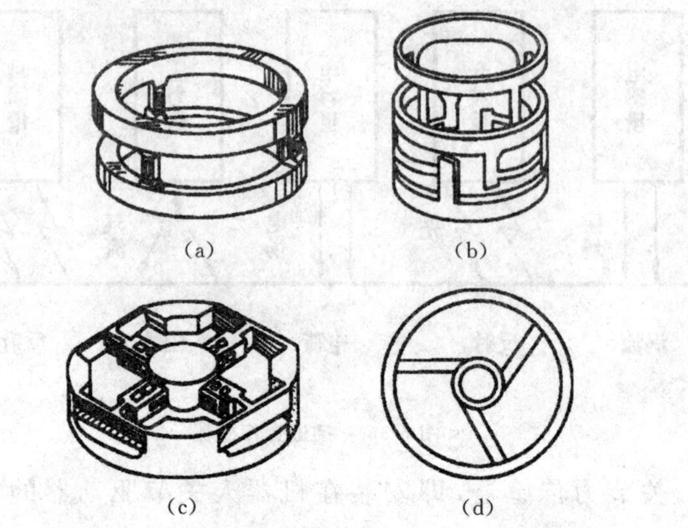

图 6-37　腕力传感器

(a)Draper Waston 腕力传感器；(b)SRI 六维腕力传感器；
(c) 林纯 - 腕力传感器；(d) 非径向中心对称三梁腕力传感器

(1) 给料器

给料器常用于小型装配零件给料，用回转或振动机构将其排列整齐，并逐个输送到指定位置。

(2) 托盘

装配完成后，大零件或易损坏划伤零件通常需要放入托盘中进行输送，如图 6-38 所示。托盘可以按一定精度要求将零件输送至指定位置。在实际生产装配中，为了满足生产需求，往往带有托盘自动更换机构，以避免托盘容量的不足。

图 6-38　托盘

6.7　涂装机器人系统

6.7.1　涂装机器人的特点

涂装机器人作为一种典型的涂装自动化装备，具有工件涂层均匀，重复精度好，通用性强、工作效率高，能够将工人从有毒、易燃、易爆的工作环境中解放出来的优点，已在汽车、工程机械制造、3C 产品及家具建材等领域得到广泛应用。归纳起来，涂装机器人与传统的机械涂装相比，具有以下特点：

① 最大限度提高涂料的利用率、降低涂装过程中的 VOC（有害挥发性有机物）排放量。

② 显著提高喷枪的运动速度，缩短生产节拍，效率显著高于传统的机械涂装。

③ 柔性强，能够适应多品种、小批量的涂装任务。

④ 能够精确保证涂装工艺的一致性，获得较高质量的涂装产品。

⑤ 与高速旋杯经典涂装站相比，可以减少 30％～40％ 的喷枪数量，降低系统故障率和维护成本。

目前，国内外的涂装机器人从结构上大多数仍采取与通用工业机器人相似的 5 或 6 自由度串联关节式机器人，在其末端加装自动喷枪。按照手腕结构划分，涂装机器人应用中较为普遍的主要有两种：球形手腕涂装机器人和非球形手腕涂装机器人。

6.7.2　涂装机器人的选型

选型注意因素有以下几点。

(1) 机器人的工作轨迹范围

在选择机器人时需保证机器人的工作轨迹范围必须能够完全覆盖所需施工的工件的相关表面或内腔。间歇式输送方式时，机器人是对静止的工件施工,除工件断面上,还需保证在工件俯视面上机器人的工作范围能够完全覆盖所需施工的工件相关表面。

(2) 机器人的重复精度

对于涂胶机器人而言,一般重复精度达到0.5 mm即可。而对于喷漆机器人,重复的精度要求可低一些。

(3) 机器人的运动速度及加速度

机器人的最大运动速度或最大加速度越大,则意味着机器人在空行程所需的时间越短,则在一定节拍内机器人的绝对施工时间越长,可提高机器人的使用率,所以机器人的最大运动速度及加速度也是一项重要的技术指标。

但需注意的问题是,在涂装过程中(涂胶或涂装),涂装工具的运动速度与涂装工具的特性及材料等因素直接相关,需要根据工艺要求设定。此外,由于机器人的技术指标与其价格直接相关,因而根据工艺要求选择性价比高的机器人。

(4) 机器人手臂可承受的最大荷载

对于不同的涂装场合,涂装(涂胶或喷漆)过程中配置的喷具不同,则要求机器人手臂的最大承载载荷也不同。

涂装机器人通常可分为两类:液压涂装机器人和电动涂装机器人。考虑到充满可燃性溶剂蒸汽环境的安全问题,早期的涂装机器人一般采用液压驱动方式。近年来,随着交流伺服电动机的广泛应用和高速伺服电动机技术的进步,涂装机器人已采用电动机驱动方式。为保证安全作业,无论何种型式的涂装机器人都必须采用防爆结构,即要求机器人在可能发生强烈爆炸的0级危险中也能安全工作。防爆机构主要采用耐压和内压防爆机构。

6.7.3 涂装机器人的系统

如图6-39所示,喷涂机器人主要由机器人本体、喷枪、控制器、抽气装置、操作器等组成。

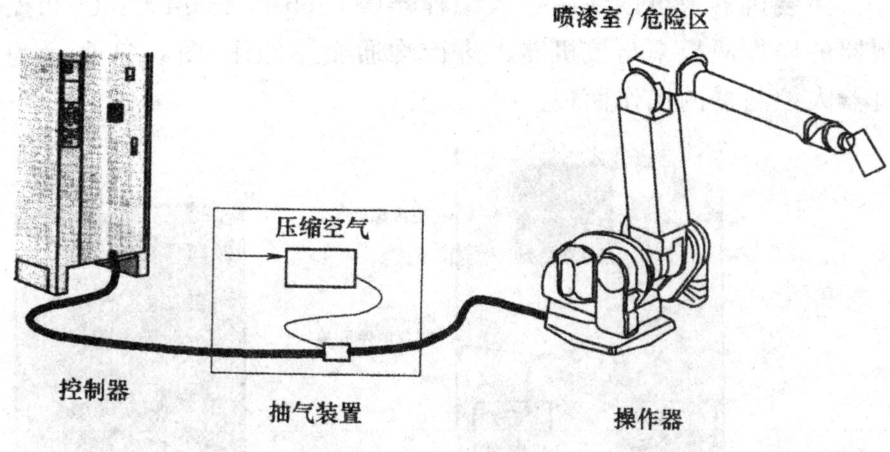

图 6-39　喷涂机器人系统

涂装机器人一般都是六轴机器人，其中 4、5、6 分布在机器人的腕关节部分。各个轴的运动方向如图 6-40 所示。

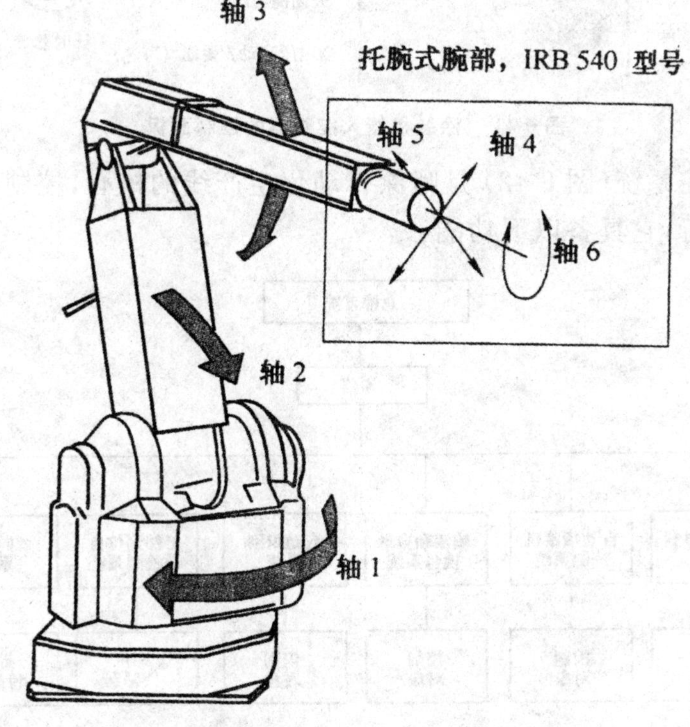

图 6-40　IRB 540 涂装机器人六轴运动方向

涂装机器人可以使用示教编程器(Teach Pendant Unit)和控制器的操作面板来与该机器人进行沟通交流操作。图 6-41 所示为机器人控制器的操作面板。

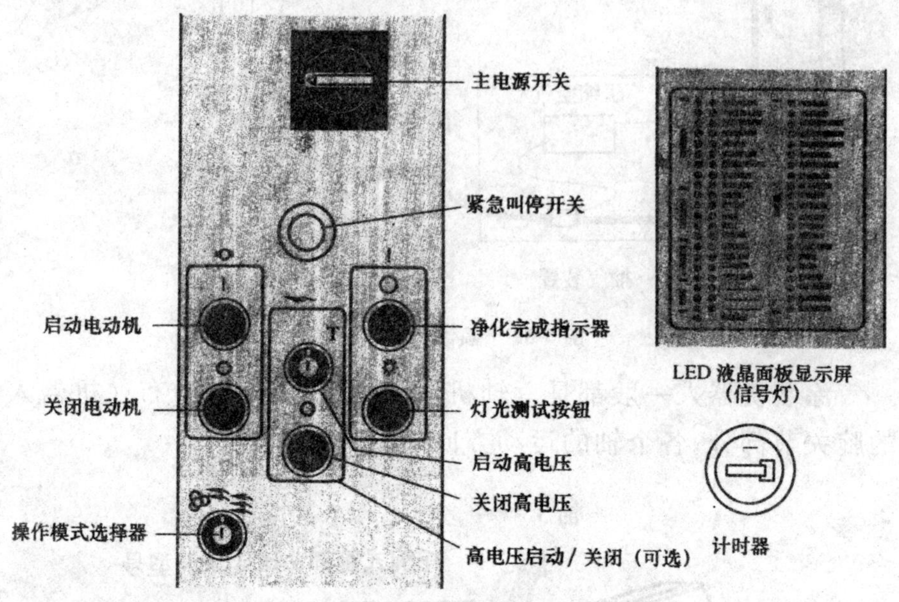

图 6-41 涂装机器人控制器的控制面板

总控系统(图 6-42)是喷涂自动化生产线的核心,控制所有设备的运行,它具备以下功能:

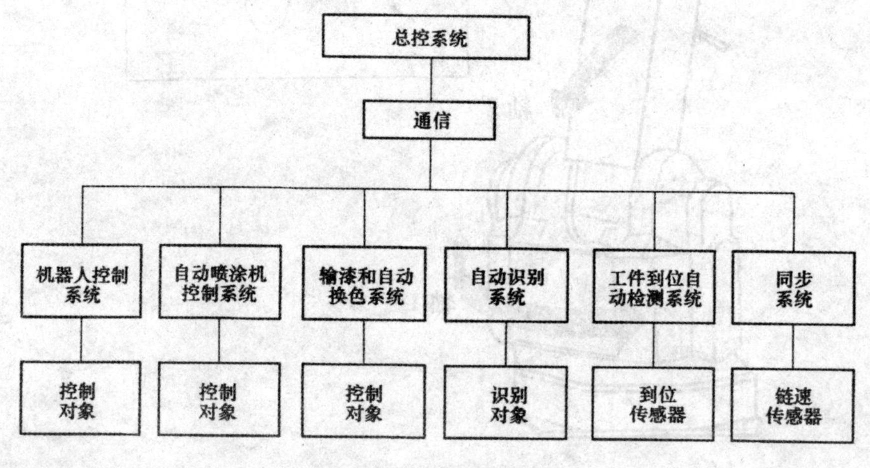

图 6-42 总控系统框图

① 全线自动启动、停止和联锁功能。

② 喷涂机器人作业程序的自动和手动排队、接收识别信号、向喷涂机器人发送程序功能。

③ 控制自动输漆换色系统功能。

④ 故障自动诊断功能。

⑤ 实时工况显示功能。

⑥ 单机离线(因故障)和连线功能。

⑦ 生产管理功能(自动统计产品、报表、打印)。

6.7.4　涂装机器人的周边设备与布局

完整的涂装机器人生产线及柔性涂装单元除了上文所提及的机器人和自动涂装设备两部分外,还包括一些周边辅助设备。下面将重点介绍上述几类典型周边辅助设备。同时,为了保证生产空间、能源和原料的高效利用,灵活性高、结构紧凑的涂装车间布局显得非常重要。

1. 周边设备

目前,常见的涂装机器人辅助装置有机器人行走单元、工件传送(旋转)单元、空气过滤系统、输调漆系统、喷枪清理装置、涂装生产线控制盘等。

(1) 机器人行走单元与工件传送(旋转)单元

如同焊接机器人变位机和滑移平台一样,涂装机器人也有类似的装置,主要包括完成工件的传送及旋转动作的伺服转台、伺服穿梭机及输送系统,以及完成机器人上下左右滑移的行走单元,但是涂装机器人所配备的行走单元与工件传送和旋转单元的防爆性能有着较高的要求。一般来说,配备行走单元和工件传送(旋转)单元的涂装机器人生产线及柔性涂装单元的工作方式有三种:动/静模式、流动模式及跟踪模式。

① 动/静模式。在动/静模式下,工件先由伺服穿梭机或输送系统传送到涂装室中,由伺服转台完成工件旋转,之后由涂装机

器人单体或者配备行走单元的机器人对其完成涂装作业。

在涂装过程中工件可以是静止地作独立运动,也可以与机器人作协调运动,如图 6-43 所示。

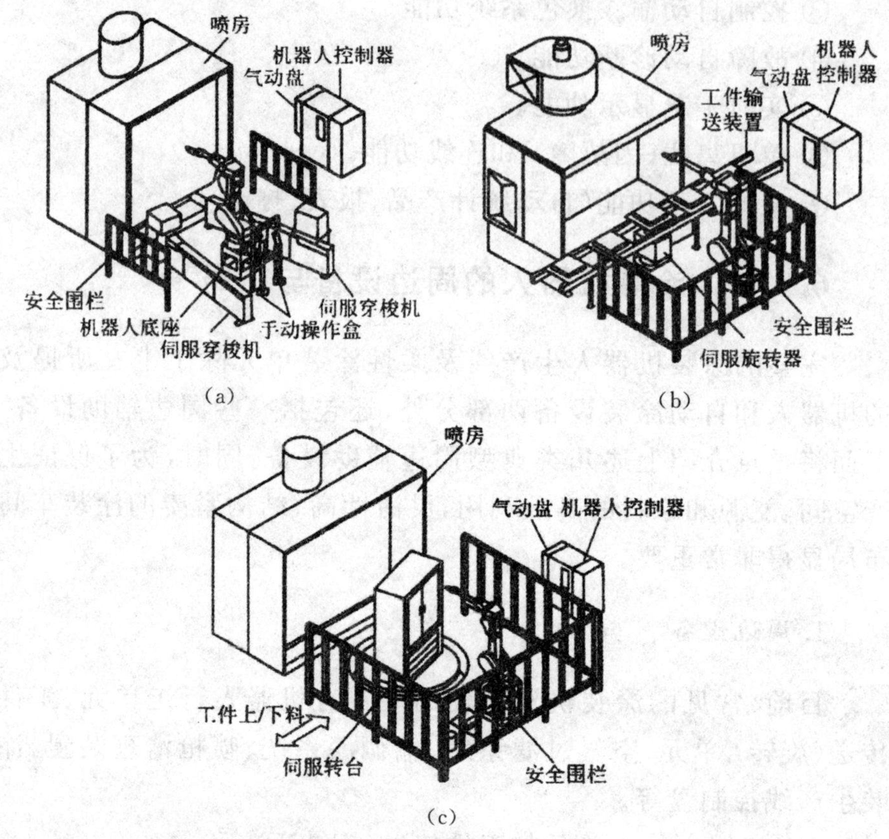

图 6-43 动 / 静模式下的涂装单元

(a) 配备倒服穿梭机的涂装单元;(b) 配备输送系统的涂装单元;
(c) 机器人与伺服转台协调运动的涂装单元

② 流动模式。在流动模式下,工件由输送链承载匀速通过涂装室,由固定不动的涂装机器人对工件完成涂装作业。

③ 跟踪模式。在跟踪模式下,工件由输送链承载匀速通过涂装室,机器人不仅要跟踪输送链运动的涂装物,而且要根据涂装面而改变喷枪的方向和角。

(2) 空气过滤系统

在涂装作业过程中,当大于或者等于 10 μm 的粉尘混入漆层时，用肉眼就可以明显地看到由粉尘造成的瑕点。为了保证涂装作业的表面质量，涂装线所处的环境及空气涂装所使用的压缩空气应尽可能保持清洁，这是由空气过滤系统使用大量空气过滤器对空气质量进行处理以及保持涂装车间正压来实现的。喷房内的空气纯净度要求最高，一般来说，要求经过三道过滤。

(3) 输调漆系统

涂装机器人生产线一般由多个涂装机器人单元协同作业，这时需要有稳定、可靠的涂料及溶剂的供应，而输调漆系统则是保证这一问题的重要装置。一般来说，输调漆系统由以下几部分组成：油漆和溶剂混合的调漆系统、为涂装机器人提供油漆和溶剂的输送系统，液压泵系统、油漆温度控制系统、溶剂回收系统、辅助输调漆设备及输调漆管网等。

(4) 喷枪清理装置

涂装机器人的设备利用率高达 90% ～ 95%，在进行涂装作业中难免发生污物堵塞喷枪气路，同时在对不同工件进行涂装时也需要进行换色作业，此时需要对喷枪进行清理。自动化的喷枪清洗装置能够快速、干净、安全地完成喷枪的清洗和颜色更换，彻底清除喷枪通道内及喷枪上飞溅的涂料残渣，同时对喷枪完成干燥，减少喷枪清理所耗用的时间、溶剂及空气。喷枪清洗装置在对喷枪清理时一般经过四个步骤：空气自动冲洗、自动清洗、自动溶剂冲洗、自动通风排气。

(5) 涂装生产线控制盘

对于采用两套或者两套以上涂装机器人单元同时工作的涂装作业系统，一般需配置生产线控制盘对生产线进行监控和管理。例如，川崎公司的 KOSMOS 涂装生产线控制盘界面，其功能如下所述：

① 生产线监控功能。通过管理界面可以监控整个涂装作业系统的状态，例如工件类型、颜色、涂装机器人和周边装置的操作、涂装条件、系统故障信息等。

② 可以方便设置与更改涂装条件和涂料单元的控制盘，即对

涂料流量、雾化气压、喷幅(调扇幅)气压、静电电压进行设置,并可设置颜色切换的时序图、喷枪清洗及各类工件类型和颜色的程序编号。

③ 可以管理统计生产线各类生产数据,包括产量统计、故障统计、涂料消耗率等。

2. 工位布局

涂装机器人具有涂装质量稳定,涂料利用率高,可以连续大批量生产等优点,涂装机器人工作站或生产线的布局是否合理直接影响到企业的产能及能源和原料利用率。对于由涂装机器人与周边设备组成的涂装机器人工作站的工位布局形式,与之前介绍的焊接机器人工作站的布局形式相仿,常见由工作台或工件传送(旋转)单元配合涂装机器人构成并排、A 形、H 形与转台形双工位工作站。对于汽车及机械制造等行业往往需要结构紧凑灵活、自动化程度高的涂装生产线,涂装生产线一般有两种布局形式,即线形布局和并行盒子布局。

6.8 工程工业机器人和外围设备

6.8.1 工程工业机器人和外围设备的任务

采用工业机器人实现自动化时,应该对实现自动化的目的和目标、作业对象、自动化的规模、具体规格、维修保养等问题与工业机器人生产厂家以及外围设备制造厂充分交换意见,研究后再确定方案,在这个过程中,要特别注意整个系统的经济性、稳定性和可靠性等技术指标。

1. 自动化规模和工业机器人

实现自动化时,无论是否使用工业机器人,自动化规模的大小都是一个设计者必须考虑的问题,工业机器人的规格和外围设备的规格都是随着自动化的规模而变化的。一般情况下，灵活性高的工业机器人的价格也高，但外围设备较为简单，并能适应产品的型号变化。相反，灵活性低的工业机器人，其使用的外围设备较为复杂，当产品型号改变时，需要较高的投资。

2. 工业机器人和外围设备的选择

要决定自动化的程度，就必须确定工业机器人和外围设备的规格。对于工业机器人来说，首先必须确定的是，选用市场出售的工业机器人还是选用特殊制造的工业机器人。通常，除生产一定数量的同类工业机器人外，从市场上选择适合目前系统使用的工业机器人，既经济可靠又便于维护保养。

6.8.2　外围设备的种类和注意事项

必须根据自动化的规模来决定工业机器人和外围设备的规格。由于作业对象的不同，外围设备的种类也多种多样。如表 6-4 所示，机器人的作业内容可以大致分为：装卸、搬运、涂装、装配以及焊接等。焊接作业时，机器人持有焊枪或焊炬；涂装作业时，夹持有喷枪。当工业机器人进行作业时，涂装设备、焊接设备等作业设备都是很重要的外围设备。这些作业设备一般都是用于手工操作，当用于工业机器人时，必须对这些设备进行改造。

表 6-4　工业机器人的作业和外围设备的种类

作业内容	工业机器人的种类	主要外围设备
压力机上的装卸作业	固定程序式	传送带、滑槽、供料设备、送料器、提升装置、定位装置、取件装置、真空装置、修边压力装置
切削加工的装卸作业	可变程序式、示教再现式或数字控制式	传送带、上下料装置、定位装置、反转装置、随性夹具
压铸加工的装卸作业	固定程序式、示教再现式	浇铸装置、冷却装置、修边压力机、脱膜剂涂装装置、工件检测
涂装作业	示教再现式（连续轨迹的动作）	传送带、工件检测、涂装装置、喷枪

续表

作业内容	工业机器人的种类	主要外围设备
点焊作业	示教再现式	焊接电源、时间继电器、次级电缆、焊枪、异常电流检测装置、工具修整装置、焊透性检验、车型判别、焊接夹具、传送带以及夹紧装置
弧焊作业	示教再现式(连续轨迹的动作)	弧焊装置、焊丝进给装置、焊炬、气体检测、焊丝检测、焊炬修整、焊接夹具、位置控制器、焊接条件选择

当采用以装卸为主的工业机器人实现自动化时,其决定外围设备的过程如图 6-44 所示。

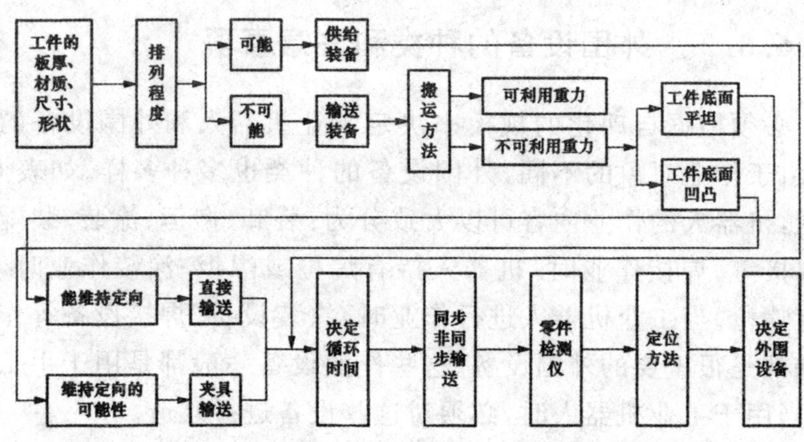

图 6-44 决定外围设备的过程

6.9 工业机器人生产线

6.9.1 加工自动生产线

自动生产线是由工作传送系统和控制系统将一组自动机床和辅助设备按照工艺顺序连接起来,自动完成产品全部或部分制造过程的生产系统，简称自动线。

自动生产线在无人干预的情况下按规定的程序或指令自动进行操作或控制的过程，其目标是“稳、准、快”。采用自动生产线不仅可以把人从繁重的体力劳动、部分脑力劳动以及恶劣、危险的工作环境中解放出来，而且能扩展人的器官功能，极大地提高劳动生产率，增强人类认识世界和改造世界的能力。

机床切削加工自动化过程不仅与机床本身有关，而且也与连接机床的前后生产装置有关。工业机器人能够适合所有的操作工序，能完成诸如传送、质量检验、剔除有缺陷的工件、机床上下料、更换刀具、加工操作、工件装配和堆垛等任务。

1. 工业机器人上下料工作站

上下料机器人在工业生产中一般是为数控机床服务的。数控机床的加工时间包括切削时间和辅助时间。当上下料机器人的上料精度达到一定的要求时，就可以缩减数控机床对刀，从而减少切削时间。因此，上下料机器人就是通过减少生产辅助时间和缩短对刀时间来达到提高数控机床加工效率的目的。机加工领域主要运用桁架机器人、多关节机器人来完成。

以加工电动机前端盖为例，工业机器人上下料工作站如图6-45所示。电动机前端盖自动加工单元以一台六自由度垂直多关节工业机器人为核心，整个加工单元采用“岛式”结构，对电极前端盖进行两次装夹、两道车工工序。机器人为三台数控机床自动上下料，配备自动料仓、离线检测系统、上位机控制系统及高精度的液压卡盘，实现了两次装夹后加工同轴度<0.015 mm，并可以对工件进行自动检测，机床自动刀补，最大限度地实现了无人化加工，操作人员只负责料仓的批量上下料及少数工件的抽查检验，每个操作人员可以同时管理两个加工单元共计6台机床。劳动强度小，加工效率高，产品质量稳定。此加工单元适宜需要两次装夹且精度要求较高的盘类零件自动加工。

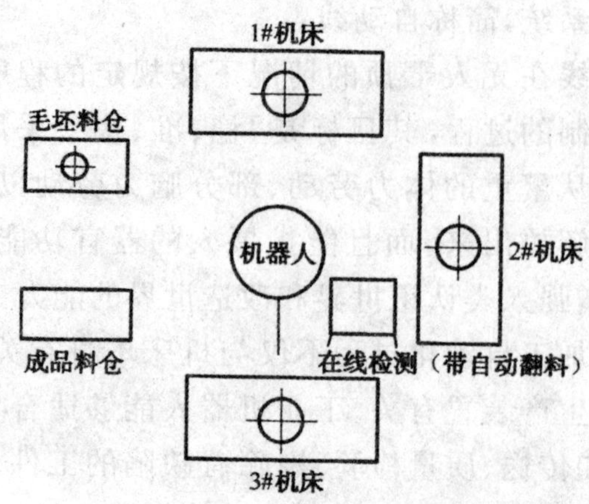

图 6-45　工业机器人上下料工作站示意图

2. 工业机器人电动机前端盖生产线通信

总电动机前端盖生产线控系统采用PLC＋上位机模式，其中PLC主要负责整条生产线各功能单元的动作控制与协调，确保生产流程的顺利进行。

上位机负责各设备预设程序的管理，控制整条生产线的启动、急停、复位及关闭等，收集并记录各设备的工作参数和报警信息，监控其工作状态，统计汇总整个生产线的生产情况，包括生产周期、时间、工件总数等信息并显示在总控台的显示屏上。操作人员在总控台即可迅速全面地掌握整条生产线的工作情况，并能针对突发情况迅速采取相应措施。其生产数据记录功能可让操作者方便地调阅生产线历史生产情况，为生产管理提供第一手的参考数据。电动机前端盖生产线通信图如图 6-46 所示。

3. 工业机器人电动机前端盖生产线的检测

工件在线测量系统位于 2 号、3 号数控车床之间，当工件进行完第一道车工工序后，即由机器人将其放入在线检测系统，检测中间轴承孔位和带 O 形圈槽止口的尺寸精度，并将数据编号后发送给系统上位机，再由上位机反馈给对应数控车床的数控系统，数控系统根据接收到的数据进行刀具补偿，来保证下一个工件的加工精度。

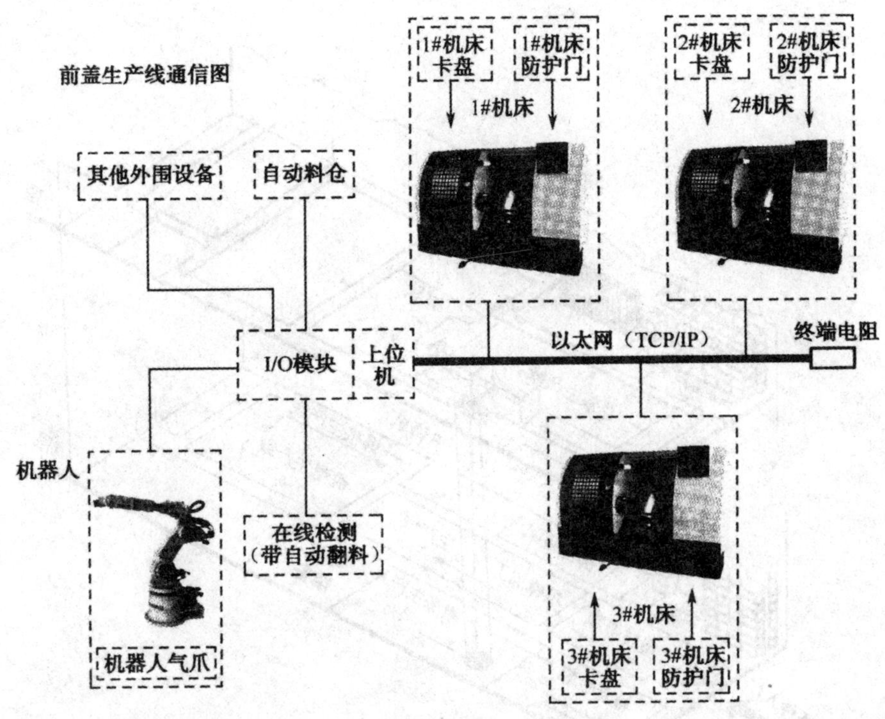

图6-46　电动机前端盖生产线通信图

6.9.2　配电高压开关机器人生产线

配电高压开关机器人生产线的总体布局如图6-47所示，生产线分布在两层建筑物内，每层面积是120 m×40 m，整个车间均为恒温控制。一层内分布了外协外购零部件检查站，机械加工生产线，型材剪裁、成型生产线，焊接生产线，喷漆生产线，检查包装站等；二层是产品总装生产线，它位于二层的净化车间内；一层生产的零部件存于立体仓库内，供二层总装线按要求提取，总装完成的产品由升降机送入一层的喷漆生产线内。这条生产线的主要设备有1 500 t水压机、激光加工机床、油压机、清洗装置、数控加工机床、摩擦焊接机、表面处理装置、自动检测设备以及用于搬运、焊接、装配和喷漆作业的机器人共 15 台,形成了具有当今世界先进水平的机器人生产线。

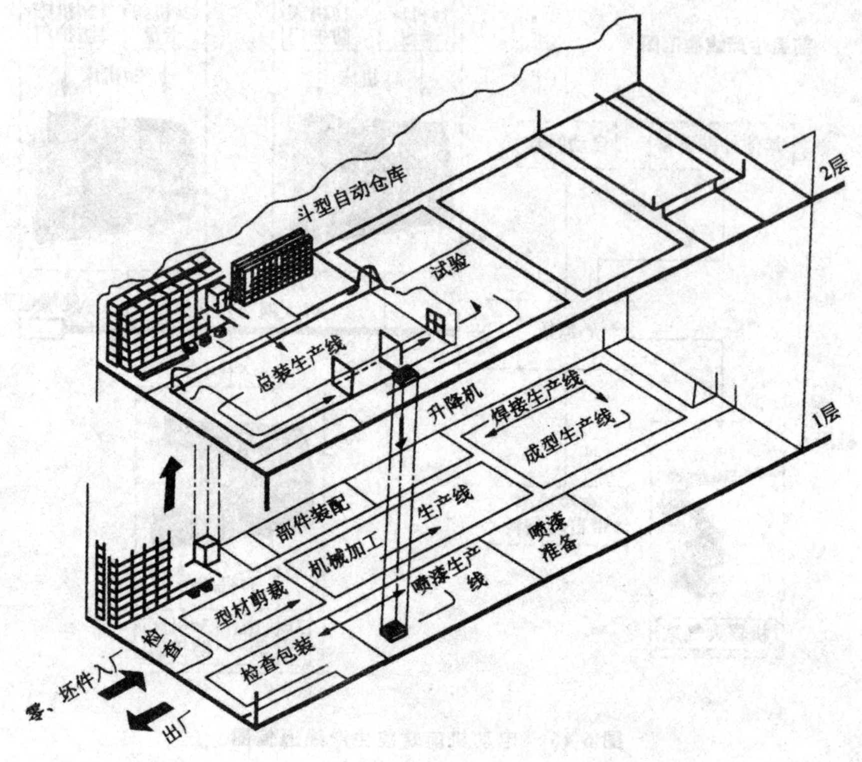

图 6-47　配电高压开关机器人生产线总体布局图

1. 成型和焊接生产线

配电高压开关的一个主要零件是圆筒形密封容器,它的加工工艺流程如图 6-48 所示,生产线的布局如图 6-49 所示。其主要设备有 6 台机器人、激光加工机床、油压机、水压机、卷板机和清洗装置,各设备的主要功用如表 6-5 所示。下面主要介绍生产线中机器人的使用。

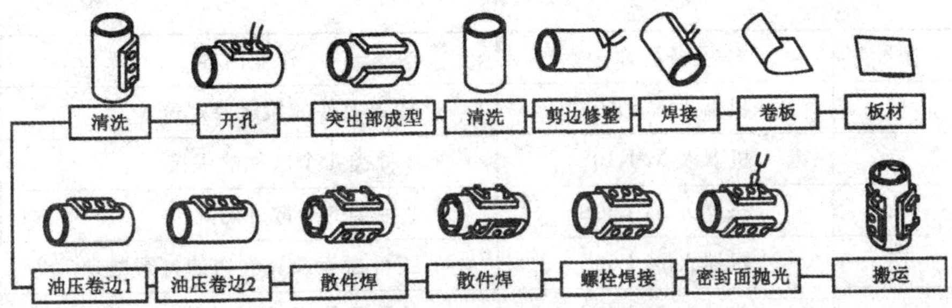

图 6-48　筒形容器的加工工艺流程

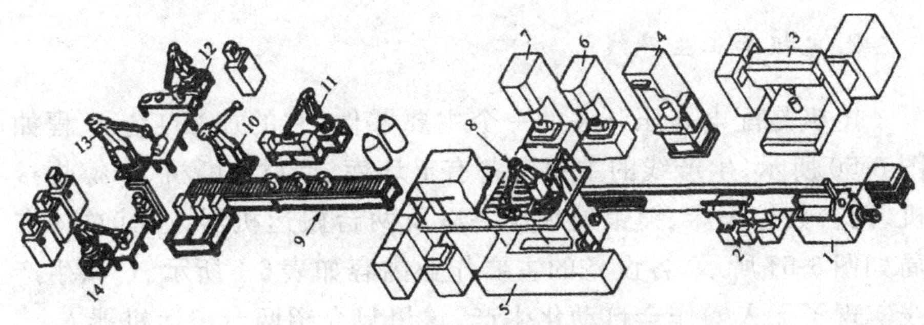

图 6-49　成型和焊接生产线总体布局图

1— 卷板机；2— 焊接机；3— 机床；4— 清洗装置；5— 水压机；6、7— 油压机；8、10 ～ 14— 机器人；9— 传送带

表 6-5　成型和焊接主要设备及作业内容

序号	设备名称	作业内容
1	半开式卷板机	将板材坯料卷成筒形
2	等离子焊接机	对筒形的接口进行焊接
3	激光加工机床	剪边修整及开孔加工
4	清洗装置	粉尘及铁屑的清除
5	1 500 t 水压机	压出筒形的突起部分
6	油压机	孔卷边的压制成型
7	油压机	孔卷边的压制成型
8	机器人 M-L60S	第 1 ～ 9 工作站间的工件搬运
9	物品传送带	放置及传送成型加工后的工件

续表

序号	设备名称	作业内容
10	机器人 M-L60S	待焊散件的搬运及定位
11	机器人 M-K10S	2 种类 4 个散件的焊接
12	机器人 M-L60S	2 种类 6 个散件的焊接
13	机器人 M-L60S	工件搬运及孔卷边的打磨抛光
14	机器人 M-L60S	3 种类 36 根螺栓的焊接

2. 电极加工生产线

电极是配电高压开关的一个主要零件,它的加工工艺流程如图 6-50 所示。生产线的主要设备有毛坯库、型材切断机、摩擦焊接机、两台数控车床、镀银处理设备以及两台搬运机器人,其总体布局如图 6-51 所示,各设备的主要作业内容如表 6-6 所示。这条生产线实现了无人操作全自动化生产。这里只介绍两台搬运机器人。

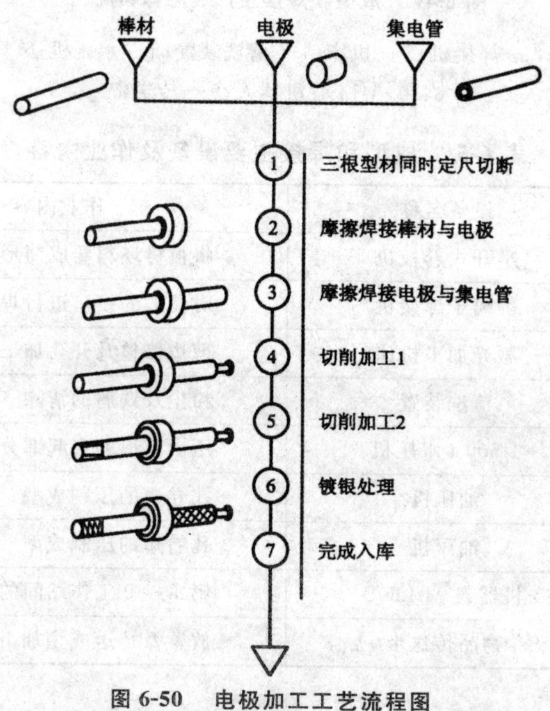

图 6-50 电极加工工艺流程图

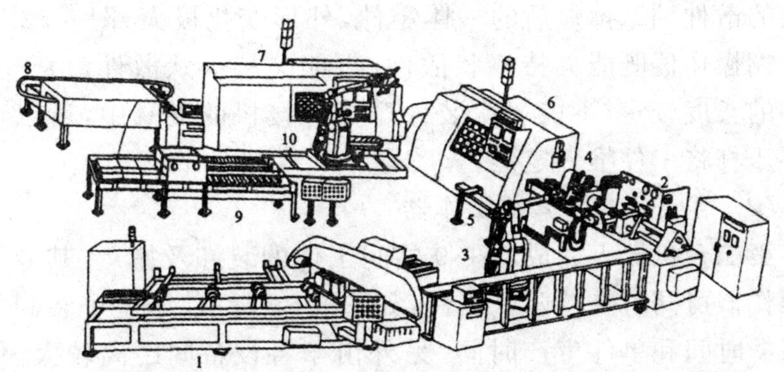

图 6-51　电极加工生产线总体布局图

1— 毛坯库；2— 机床；3、10— 机器人；4— 焊接机；5— 暂存台；
6、7— 车床；8— 处理装置；9— 成品库

表 6-6　电极加工主要设备及作业内容

序号	设备名称	作业内容
1	毛坯库	型材的存储及供给
2	锯切机床	型材的切断
3	搬运机器人 M-L106	2 ～ 5 站间工件的搬运与装卸
4	摩擦焊接机	3 种散件的摩擦焊接
5	工件暂存台	焊后工件的暂存及冷却
6	数控车床 1	集电管部分的切削加工
7	数控车床 2	棒及电极部分的加工
8	镀银处理装置	部分表面的镀银处理
9	成品库	成品的存储
10	搬运机器人 M-L106	5 ～ 9 站间工件的搬运与装卸

在工件从毛坯到成品的加工过程中，工件的形状、直径和长度不断地发生变化，共出现 12 种不同的外形。另外各种设备装夹工件的空间和方式也存在着较大的差异，有些设备的装卸空间极其窄小，为满足上述种种要求，开发了两个专用的末端操作器。

(1) 第一种专用末端操作器

第一台搬运机器人完成 2 ～ 5 站间工件的装卸及搬运，从 3 个

分离的散件到摩擦焊后的一体零件，外形变化极大。图 6-52 所示的末端操作器既能夹持棒状散件，也能夹持盘状散件，由于盘状散件的长度较短，不能一次装入摩擦焊接机的夹具中，所以可用工件压杆将工件推入定位。

(2) 第二种专用末端操作器

第二台机器人完成 5 ～ 9 站间工件的装卸及搬运，其专用末端操作器可同时夹持两个工件，如图 6-53 所示，缩短了装卸工件的辅助时间和单件生产时间。另外由于各设备间距离较大，使用了单轴机器人移动架台，扩大了搬运机器人的动作空间。

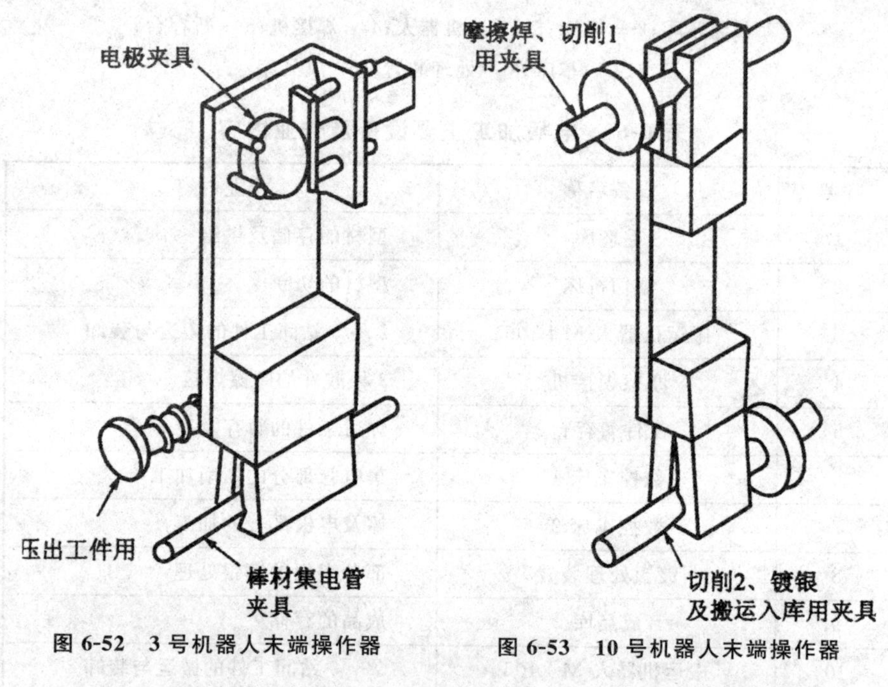

图 6-52　3 号机器人末端操作器　　图 6-53　10 号机器人末端操作器

3. 电极组装生产线

电极组装生产线将切削加工后的电极、隔电瓷瓶 O 形圈、垫、螺母和垫圈等组装成电极部件，组装顺序如图 6-54 所示，电极组装生产线的总体布局如图 6-55 所示。主要设备有零件传送装置、螺母紧固机、垫圈送料装置和两台机器人等，各设备的主要作业内容如表 6-7 所示。这里介绍其中几项主要的设备。

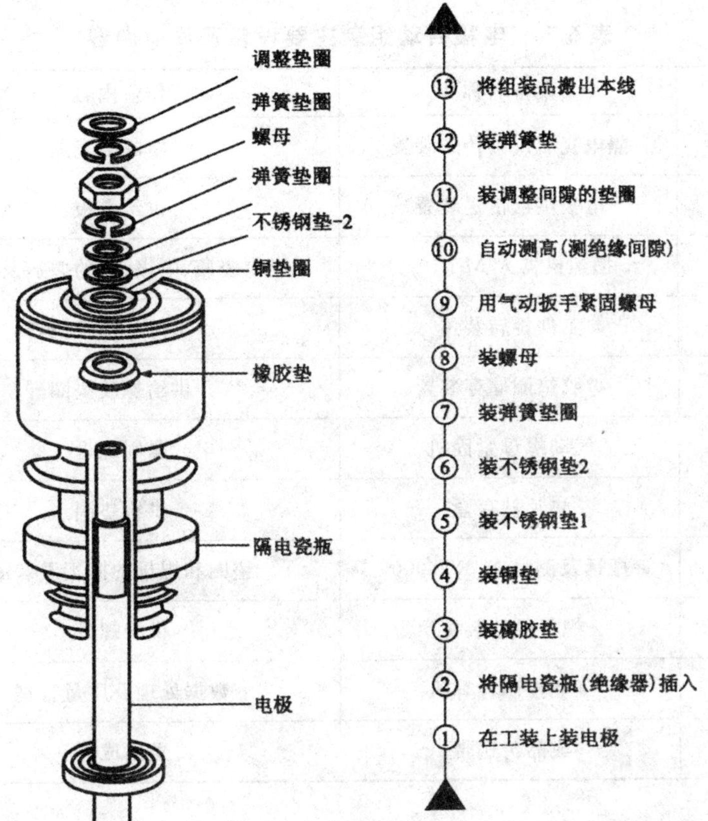

图 6-54　电极组装顺序

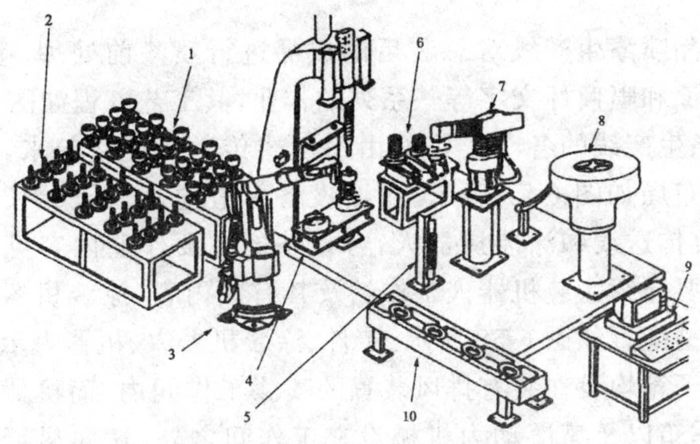

图 6-55　电极组装生产线的总体布局

1— 传送装置;2— 电极供给传送装置;3— 机器人;4— 旋转装置;5— 储存装置;
6— 储存盒;7— 机器人;8— 供给装置;9— 计算机;10— 传送带

表 6-7　电极自动组装主要设备及作业内容

序号	设备名称	作业内容
1	隔电瓷瓶供给传送装置	供给隔电瓷瓶
2	电极供给传送装置	供给电极
3	搬运机器人 M-L106	隔电瓷瓶、电极、垫的搬运及装配
4	工件旋转装置	工件旋转换位
5	橡胶垫圈储存装置	供给橡胶垫圈
6	气动螺母紧固机	紧固螺母
7	垫片储存盒	供给垫圈
8	搬运及测量 M-RT3000	垫圈和螺母的搬运及装配
9	螺母供给装置	供给螺母
10	工业控制计算机	数据处理及质量管理
11	成品传送带	送出成品

4. 成品喷漆生产线

成品喷漆生产线对总装后的成品进行喷漆前处理、喷底漆、表面喷漆和喷商标文字等一系列的作业,其工艺流程如图 6-56 所示。整条生产线的各个工作站由吊链式传送线连接起来,生产线的总体布局如图 6-57 所示。主要设备有清洗机、干燥炉、水洗装置、吊链传送线和涂装机器人,各设备的主要作业内容见表 6-8。这里主要介绍涂装机器人工作站及其有关内容,涂装机器人工作站的典型配置如图 6-58 所示。工件、涂装机器人、机器人示教盒和防爆端子箱均设在装有排风装置的喷漆工作间内,而机器人控制箱、操作箱以及喷漆动力机械设在工作间之外,这样尽可能地将设备安装在不受污染和安全的室外,而内部的设备则应采取防爆措施。

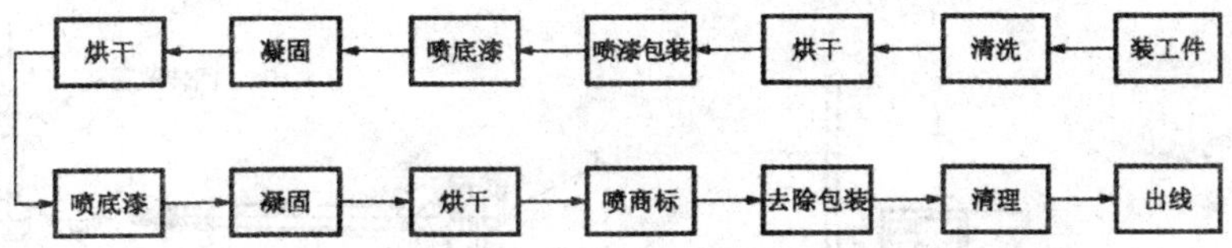

图 6-56　成品喷漆生产线工艺流程

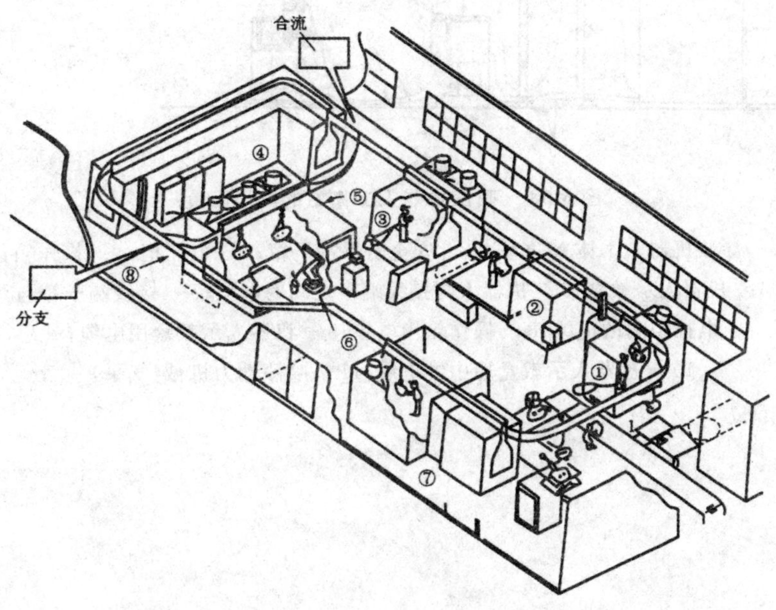

图 6-57　成品喷漆生产线总体布局图

表 6-8　成品喷漆生产线主要设备及作业内容

序号	设备名称	作业内容
1	清洗机	去除灰尘杂质及油污
2	干燥炉	烘干工件
3	喷底漆用工作间	为工件喷底漆
4	干燥炉	烘干工件
5	喷表面漆用工作间	工件表面喷漆作业室
6	涂装机器人 M-K5G	工件表面喷漆
7	喷文字用工作间	喷商标及文字
8	吊链式传送线	传送工件

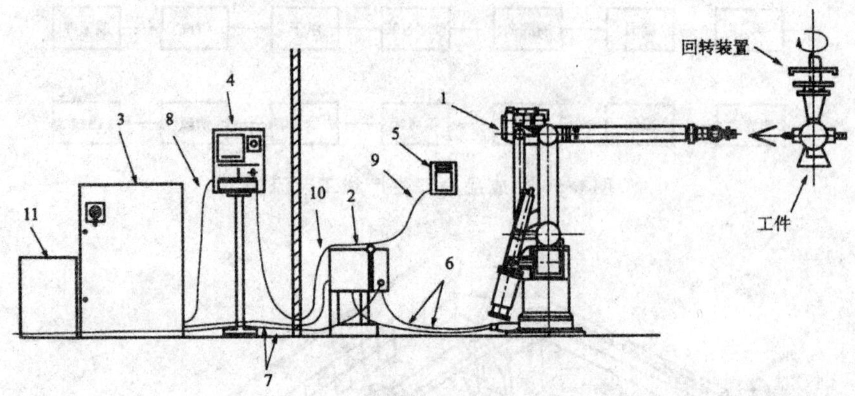

图 6-58 喷漆机器人工作站的典型配置

1— 涂装机器人本体 M-K5G;2— 安全防爆端子箱;3— 电控柜;4— 操作箱;5— 机器人示教盒;6— 机器人与接线端子之间的电缆;7— 接线端子箱与电控柜间的电缆;8— 操作箱用电缆;9— 机器人示教盒用电缆;10— 机器人示教盒用中继电缆;11— 喷漆动力机械(气泵)

第 7 章　工业机器人的管理与维护

机器人在现代企业生产活动中的地位和作用十分重要，而机器人状态的好坏则直接影响机器人的效率是否得到充分发挥，从而影响企业的经济效益。因此，机器人管理、维护的主要任务之一就是保证机器人正常运转，管理维护得好，机器人发挥的效率就高，企业取得的经济效益就大，相反，再好的机器人也不会发挥作用。

7.1　设备维护理论简介

机器人设备的管理与维护是为了保障机器人安全运转和减少机器人故障停机时间。机器人必须经常定时的保养，这一点直接影响到系统的使用寿命。管理部门要充分认识到机器人维护的重要性，需要从根本上建立健全制度。同时工业机器人需要一批经过严格训练的维修人员。

工业机器人的维护与保养可分为一般性保养和例行维护。例行维护分为控制柜维护和机器人本体系统的维护。一般性保养是指机器人操作者在开机前，对设备进行点检，确认设备的完好性以及机器人的原点位置；在工作过程中注意机器人的运行情况，包括油标、油位、仪表压力、指示信号、保险装置等；之后清理整理现场，清扫设备。

控制柜的维护保养，包括一般清洁维护，更换滤布（500 h），更换测量系统电池（7 000 h），更换计算机风扇单元、伺服风扇单元（50 000 h），检查冷却器（每月）等。保养时间间隔主要取决于环境条件，以及机器人运行时数和温度。机器系统的电池是不可充电的一次性电池，只在控制柜外部电源断电的情况下才工作，其使用寿命大约为 7 000 h。定期检查控制器的散热情况，确保控制器没有被塑料或其他材料所覆盖，控制器周围有足够的间隙，并且远离热源，控制器顶部无杂物堆放，冷却风扇正常工作，风扇进出口无堵塞现象。冷却器回路一般为免维护密闭系统，需按要求定期检查和清洁外部空气回路的各个部件，环境湿度较大时，需检查排水口是否定期排水。

对于机器人本体而言，主要是机械手的清洗和检查、减速器的润滑，以及机械手的轴制动测试。

7.2 工业机器人的管理

7.2.1 工业机器人的系统安全和工作环境安全管理

在设置机器人系统时，要最大限度地保护维修人员安全，因此必须按照机器人厂商的规则进行生产。为了达到预期的目标，则应综合分析机器人所处的各种环境，包括湿度、温度污染、磁场干扰等是否符合要求，若不符合，需要及时调整方案。

1. 机器人系统的布局

控制装置的机柜需要安装在安全防护空间外，这样操作人员的操作就可以在安全防护区域之外。在安全防护区外，工作人员视野开阔，能够清晰地观察到机器的运转状况。若控制装置安装于安全防护空间内，则其位置和固定方式应能满足在安全防护空间内各类人员安全性的要求。

2. 机器人的系统安全管理

① 机器人系统的构建应做到合理和规范，首先机器人运转时

应避免与机器人系统无关的设施发生碰撞，这就要求机器人和无关设备保持一定的距离，但配合机器人运转的装置则不受约束。

② 若需要机器人系统布局来限定机器人的运动范围时，需根据要求来设计限定装置，在使用时可根据要求进行相关的紧固。

末端执行器在设计时应考虑到在动力源发生变化或消失时，负载能够保持正常状态（不会发生脱落或飞出）；机器人运转时，负载和末端执行器之间的扭矩力应小于机器人的负载能力。

③ 机器人系统的安全防护可采用多种措施联合使用，如固定式或连锁式防护装置。

3. 机器人工作环境安全管理

根据机器人工作环境安全管理的定义，安全防护装置是安全装置和防护装置的统称。所谓安全装置指的是“消除或降低风险的单一装置或者是与防护装置配套使用的装置（而不是防护装置）”。如图 7-1 所示为机器人的安全防护装置。

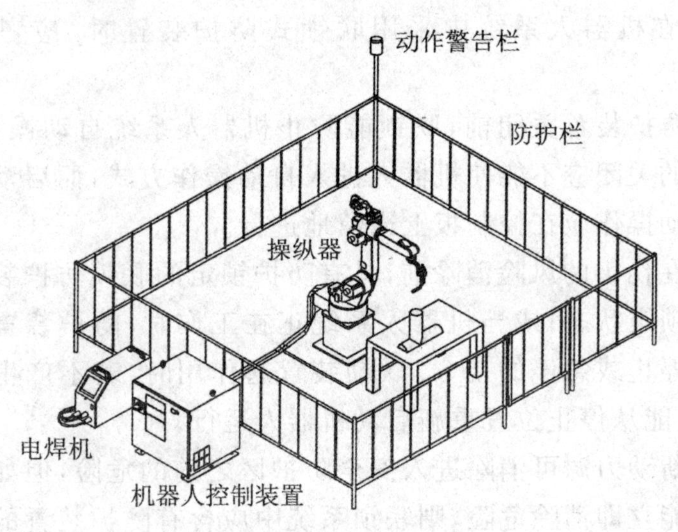

图 7-1　机器人安全防护装置

为了避免不必要的损失，确保工作人员的人身安全，需从机器人的各个任务阶段着手，考虑到任何关乎安全隐患的过程。通过综合评价，选择合适的防护装置。

(1) 固定式防护装置

① 使用加固装置或直接将防护装置永久的焊接在最显眼的地方。

② 固定防护装置应能承受可以预定的外力的作用,所以需要考虑结构的强度和刚度。

③ 其构造应不增加任何附加危险(如应尽量减少锐边、尖角、凸起等)。

④ 不使用工具就不能移开固定部件。

⑤ 隔板或栅栏底部离走道地面不大于 0.3 m,高度应不低于 1.5 m。

除通过与通道相连的联锁门或现场传感装置区域外,应能防止由别处进入安全防护空间。

注:在物料搬运机器人系统周围安装的隔板或栅栏应有足够的高度以防止任何物件由于末端夹持器松脱而飞出隔板或栅栏。

(2) 连锁式防护装置

① 在机器人系统中采用联锁式防护装置时,应考虑下述原则:

a. 防护装置关闭前,联锁能防止机器人系统自动操作,但防护装置的关闭应不能使机器人进入自动操作方式,而启动机器人进入自动操作应在控制板上谨慎地进行。

b. 在伤害的风险消除前,具有防护锁定的联锁防护装置处于关闭和锁定状态;或当机器人系统正在工作时,防护装置被打开应给出停止或急停的指令。联锁装置起作用时,若不产生其他危险,则应能从停止位置重新启动机器人运行。

中断动力源可消除进入安全防护区之前的危险,但如动力源中断不能立即消除危险,则联锁系统中应含有防护装置的锁定或制动系统。

在进出安全防护空间的联锁门处,应考虑设有防止无意识关闭联锁门的结构或装置(如采用两组以上触点,具有磁性编码的磁性开关等)。应确保所安装的联锁装置的动作在避免了一种危险(如停止了机器人的危险运动)时,不会引起另外的危险发生(如使危险物质进入工作区)。

② 在设计联锁系统时,也应考虑安全失效的情况,即万一某个联锁器件发生不可预见的失效时,安全功能应不受影响。若万一受影响,则机器人系统仍应保持在安全状态。

③ 在机器人系统的安全防护中经常使用现场传感装置,在设计时应遵循下述原则:

a. 现场传感装置的设计和布局应能使传感装置未起作用前人员不能进入且身体各部位不能伸到限定空间内。为了防止人员从现场传感装置旁边绕过进入危险区,要求将现场传感装置与隔栏一起使用。

b. 在设计和选择现场传感装置时,应考虑到其作用不受系统所处的任何环境条件(如湿度、温度、噪声、光照等)的影响。

(3) 安全防护空间

安全防护空间是由机器人外围的安全防护装置(如栅栏等)所组成的空间。确定安全防护空间的大小是通过风险评价来确定超出机器人限定空间而需要增加的空间。一般应考虑当机器人在作业过程中,所有人员身体的各部分应不能接触到机器人运动部件和末端执行器或工件的运动范围。

(4) 动力断开

① 供给机器人或外围机器人的动力源应符合机器人生产厂的相关规范,同时还要满足当地国家供电系统的相关要求,还需做好相应的接地工作。

② 设计机器人系统之初应考虑到系统维修和突发状况时修理的需要,必须有明显的动力断开装置。断开必须做到立竿见影,又能通过检查断开装置操作器的位置而确认,而且能将切断装置锁定在断开位置。切断电器电源的措施应按相应的电气安全标准。需要说明的是,机器人系统或其他相关机器人系统断开时,应不发生附带的危险。

(5) 急停

急停系统应该优先于其他任何相关的控制,迫使系统暂停运行,并连同相关的能源设施,如外围机器人的焊接电路、运动系统等一并撤出。

① 确保每台机器人在操作站附近都能找到操作人与易于接近的急停装置。

② 机器人系统的急停装置应易于操作,常用的机器人急停装置有掌揿式和蘑菇头式,且具有醒目的颜色,衬底常采用红色或黄色,采用人工复位。

③ 要重新启动机器人运行,则应按照规定的步骤操作。

④ 对于同一机器人系统安装两台机器人的情况,且两台机器人的限定空间有交叉的部分,则其公用的急停电路应能够阻止两台机器人的运转。

(6) 远程控制

若机器人需要具备远程控制的功能,应考虑到其他场所启动机器人所产生的危险。

安装了远程控制装置的机器人,应采取独立运行的空间,即本地的操作不受远程指令的影响;而执行远程指令时,任何本地的操作都是无效的。

① 若现场传感器发生作用,在确定没有危险的情况下,可以将机器人从停止状态重新启动到运行状态。

② 在恢复机器人运动时,应要求撤除传感区域的阻断,此时不应使机器人系统重新启动自动操作。

③ 应具有指示现场传感装置正在运行的指示灯,其安装位置应易于观察。可以集成在现场传感装置中,也可以是机器人控制接口的一部分。

(7) 警示方式

在机器人系统中,为了提醒人们注意周围的危险状况,必须树立警示设施。常用的警示设施有栅栏或信号器件。值得说明的是,警示措施是安全防护装置的补充,并不是安全防护装置的替代。

(8) 警示栅栏

警示栅栏是为了警示无关人员意外进入到防护区域的设施。

(9) 警示信号

为了给无意进入危险区域的人员一个清晰明亮的警示，必须设立和安装信号警示装置。若采用光信号来警示闯入者时，应该有足够多的光源来提示人们远离危险区域。若使用音响报警器，则应声音独特，容易辨别，要和环境噪音的提示相互区别。

(10) 安全生产规程

必须考虑到机器人所处的阶段，如调试阶段、生产工程阶段、清理阶段或维护阶段，要制定完全适合的防护措施保障机器人的安全运转是不现实的，并且安全防护措施也有一定的使用期限，在此状态下，应该采取相应的安全生产规程。

(11) 安全防护装置的复位

重建联锁门或现场传感装置区域时，其本身应不能重新启动机器人的自动操作。应要求在安全防护空间仔细地动作来重新启动机器人系统。重新启动装置的安装位置，应在安全防护空间内的人员不能够到的地方，且能观察到安全防护空间。

7.2.2　工业机器人的主机及控制柜主要部件的备件管理

1. 机器人主机的管理

机器人主机位于机器人控制柜内，是出故障较多的部分，如图 7-2 所示。

故障有串口、并口、网卡接口失灵、进不了系统、屏幕无显示等。而机器人主板是主机的关键部件，起着至关重要的作用。它集成度越来越高，维修机器人主机主板的难度也越来越大，需专业的维修技术人员借助专门的数字检测设备才能完成。机器人主机主板集成的组件和电路多而复杂，容易引起故障，其中也不乏是客户人为造成的。机器人主机研究的经验介绍如下。

图 7-2 机器人控制柜

（1）人为因素。

热插拔硬件非常危险，许多主板故障都是热插拔引起的，带电插拔装板卡及插头时用力不当容易造成对接口、芯片等的损害，从而导致主板损坏。

（2）内因。

随着使用机器人时间的增长，主板上的元器件就会自然老化，从而导致主板故障。

（3）环境因素。

由于操作者的保养不当，机器人主机主板上布满了灰尘，可以造成信号短路，此外，静电也常造成主板上芯片（特别是 CMOS 芯片）被击穿，引起主板故障。

因此，特别注意机器人主机的通风、防尘，减少因环境因素引起的主板故障。

2. 机器人控制柜的管理

（1）控制柜的保养计划表

机器人的控制柜必须有计划的经常保养，以便其正常工作。表 7-1 为控制柜的保养计划表。

表 7-1　控制柜的保养计划表

保养内容	设备	周期	说明
检查	控制柜	6个月	
清洁	控制柜		
清洁	空气过滤器		
更换	空气过滤器	4 000小时/24个月	小时表示运行时间，而月份表示实际的日历时间
更换	电池	12 000小时/36个月	同上

(2) 检查控制柜

控制柜的检查方法与步骤参见表7-2。

表 7-2　控制柜的检查方法与步骤

步骤	操作方法
1	检查并确定柜子里面无杂质，如果发现杂质，清除并检查柜子的衬垫和密封
2	检查柜子的密封结合处及电缆密封管的密封性，确保灰尘和杂质不会从这些地方吸入柜子里面
3	检查插头及电缆连接的地方是否松动，电缆是否有破损
4	检查空气过滤器是否干净
5	检查风扇是否正常工作

在维修控制柜或连接到控制柜上的其他单元之前，先注意以下几点。

① 断掉控制柜的所有供电电源。

② 控制柜或连接到控制柜的其他单元内部很多元件都对静电很敏感，如果受静电影响，有可能损坏。

③ 在操作时，一定要带上一个接地的静电防护装置，如特殊的静电手套等，有的模块或元件装了静电保护扣，用来连接保护手套，请使用它。

(3) 清洁控制柜

所需设备有一般清洁器具和真空吸尘器，一般清洁器具，可以用软刷蘸酒精清洁外部柜体,用真空吸尘器进行内部清洁。控制柜内部清洁方法与步骤参见表 7-3。

表 7-3 控制柜内部清洁方法与步骤

步骤	操作	说明
1	用真空吸尘器清洁柜子内部	
2	如果柜子里面装有热交换装置,需保持其清洁。这些装置通常在供电电源、计算机模块、驱动单元后面	如果需要,可以先移开这些热交换装置,然后再清洁柜子

清洗柜子之前的注意事项:① 尽量使用上面介绍的工具清洗,否则容易造成一些额外的问题。② 清洁前检查保护盖或者其他保护层是否完好。③ 在清洗前,千万不要移开任何盖子或保护装置。④ 千万不要使用指定外的清洁用品,如压缩空气及溶剂等。⑤ 千万不要使用高压的清洁器喷射。

7.3 工业机器人的维护及常用工具

7.3.1 控制装置及示教器

机器人控制装置及示教器的检查参见表 7-4。

表 7-4 控制装置及示教器的检查

序号	检查内容	检查事项	方法及对策
1	外观	① 机器人本体和控制装置是否干净;② 电缆外观有无损伤;③ 通风孔是否堵塞	① 清扫机器人本体和控制装置;② 目测外观有无损伤,如果有应紧急处理,损坏严重时应进行更换;③ 目测通风孔是否堵塞并进行处理

续表

序号	检查内容	检查事项	方法及对策
2	复位急停按钮	① 面板急停按钮是否正常；② 示教器急停按钮是否正常；③ 外部控制复位急停按钮是否正常	开机后用手按动面板复位急停按钮，确认有无异常，损坏时进行更换
3	电源指示灯	① 面板、示教器、外部机器、机器人本体的指示灯是否正常；② 其他指示灯是否正常	目测各指示灯有无异常
4	冷却风扇	运转是否正常	打开控制电源，目测所有风扇运转是否正常，不正常予以更换
5	伺服驱动器	伺服驱动器是否洁净	清洁伺服驱动器
6	底座螺栓	检查有无缺少、松动	用扳手拧紧、补缺
7	盖类螺栓	检查有无缺少、松动	用扳手拧紧、补缺
8	放大器输入／输出电缆安装螺钉	① 放大器输入／输出电缆是否连接；② 安装螺钉是否紧固	连接放大器输入／输出电缆，并紧固安装螺钉
9	编码器电池	机器人本体内的编码器挡板上的蓄电池电压是否正常	电池没电，机器人遥控盒显示编码器复位时，按照机器人维修手册上的方法进行更换（所有机型每2年更换一次）
10	I/O模块的端子导线	I/O模块的端子导线是否连接导线	连接I/O模块的端子导线，并紧固螺钉
11	伺服放大器的输入／输出电压（AC、DC）	打开伺服电源，参照各机型维修手册测量伺服放大器的输入／输出电压（AC、DC）是否正常。判断基准在±15％范围内	建议由专业人员指导

续表

序号	检查内容	检查事项	方法及对策
12	开关电源的输入／输出电压	打开伺服电源，参照各机型维修手册，测量各 DC 电源的输入／输出电压。输入端为单相 220 V，输出端为 DC24 V	建议由专业人员指导
13	电动机抱闸线圈打开时的电压	在电动机抱闸线圈打开时的电压判定基准为 DC24 V	建议由专业人员指导

7.3.2　机器人本体的检查

机器人本体的检查参见表 7-5。

表 7-5　机器人本体的检查

序号	检查内容	检查事项	方法及对策
1	整体外观	机器人本体外观上有无脏污、龟裂及损伤	清扫灰尘、焊接飞溅，并进行处理（用真空吸尘器、用布擦拭时使用少量酒精或清洁剂、用水清洁加入防锈剂）
2	机器人本体安装螺钉	① 机器人本体所安装螺钉是否紧固；② 焊枪本体安装螺钉、母材线、地线是否紧固	① 紧固螺钉；② 紧固螺钉和各零部件
3	同步皮带	检查皮带的张紧力和磨损程度	① 皮带的扩张程度松弛进行调整；② 损伤、磨损严重时要更换
4	伺服电动机安装螺钉	伺服电动机安装螺钉是否紧固	根据力矩紧固伺服电动机安装螺钉
5	超程开关的运转	闭合电源开关，打开各轴关，检查运转是否正常	检查机器人本体上有几个超程开关

续表

序号	检查内容	检查事项	方法及对策
6	原点标志	原点复位，确认原点标志是否吻合	目测原点标志是否吻合（思考：不吻合时如何进行示教修正操作?）
7	腕部	① 伺服锁定时腕部有无松动；② 在所有运转领域中腕部有无松动	松动时要调整锥齿轮（思考：如何调整锥齿轮松动?）
8	阻尼器	检查所有阻尼器上是否损伤，破裂或存在大于 1 mm 的印痕，检查连接螺钉是否变形	目测到任何损伤必须更换新的阻尼器，如果螺钉有变形更换连接螺钉
9	润滑油	检查齿轮箱润滑油量和清洁程度	卸下注油塞用带油嘴和集油箱的软管排出齿轮箱中的油，装好油塞，重新注油（注油的量根据排出的量而定）
10	平衡装置	检查平衡装置有无异常	卸下螺母，拆去平衡装置防护罩，抽出一点气缸检查内部平衡缸，擦干净内部目测内部环有无异常，更换任何有异常的部分，推回气缸装好防护罩并拧好螺母
11	防碰撞传感器	闭合电源开关及伺服电源，拨动焊枪使防碰撞传感器运转，紧急停止功能是否正常	防碰撞传感器损坏或不能正常工作时应进行更换
12	空转（刚性损伤）	运转各轴检查是否有刚性损伤	（思考：如何确认刚性损伤?）
13	锂电池	检查锂电池使用时间	每两年更换一次

续表

序号	检查内容	检查事项	方法及对策
14	电线束、谐波油（黄油）	检查在机器人本体内电线束上黄油的情况	在机器人本体内电线束上涂敷黄油，以三年为一周期更换
15	所有轴的异常振动、声音	检查所有运转中轴的异常振动和异常声音	用示教器手动操作转动各轴，不能有异常振动和声音
16	所有轴的运转区域	示教器手动操作转动各轴，检查在软限位报警时是否达到硬限位	目测是否达到硬限位，进行调节
17	所有轴与原来标志的一致性	原点复位后，检查所有轴与原来标志是否一致	用示教器手动操作转动各轴，目测所有轴与原点标志是否一致，不一致时重新检查第 6 项
18	变速箱润滑油	打开注油塞检查油位	如有漏油，用油枪根据需要补油（第一次工作隔 6 000 h 更换，以后每隔 24 000 h 更换）
19	外部导线	目测检查有无污迹，损伤	如有污迹、损伤，进行清理或更换
20	外露电动机	目测有无漏油	如有漏油清查并联系专业人员
21	大修	30 000 h	请联系厂家人员

7.3.3 连接电缆的检查

连接电缆的检查参见表 7-6。检查机器人连接电缆时关闭连接到机器人的所有电源、液压源、气压源，然后进入机器人工作区域进行检查。

表 7-6　连接电缆的检查

序号	检查内容	检查事项	方法及对策
1	机器人本体与伺服电动机相连的电缆	① 接线端子的松紧程度；② 电缆外观有无磨损和损伤	① 用手确认松紧程度；② 目测外观有无损伤，如果有任何磨损应及时更换
2	焊机及接口相连的电缆	同机器人本体与伺服电动机相连的电缆	同上
3	与控制装置相连的电缆	① 接线端子的松紧程度；② 电缆外观(包括示教器及外部轴电缆）有无损伤	同上
4	接地线	① 本体与控制装置间是否接地；② 外部轴与控制装置间是否接地	目测并连接接地线
5	电缆导向装置	检查底座上的连接器，检查电缆导向装置有无损坏	如有任何磨损损坏及时更换

7.3.4　焊接电源

焊接电源的检查方法参见表 7-7。

表 7-7　焊接电源的检查方法

序号	检查内容	检查事项	方法及对策
1	焊接电源内部	焊接电源内部是否有脏污	清洁电源内部
2	主变压器接线，安装螺钉的松紧	主变压器接线、安装螺钉是否紧固	紧固主变压器接线，安装螺钉
3	磁性开关的节点，接线安装螺钉	磁性开关的节点是否有损坏，接线安装螺钉是否紧固	① 确认节点，如有损坏请更换；② 紧固接线安装螺钉

续表

序号	检查内容	检查事项	方法及对策
4	1次电缆、2次电缆接线的安装螺钉	1次电缆、2次电缆接线的安装螺钉是否紧固	紧固1次电缆、2次电缆接线的安装螺钉
5	其他部件的接线	其他部件的接线是否紧固	紧固其他部件的接线
6	冷却风扇	闭合电源,检查冷却风扇运转状态是否正常	闭合电源,目测风扇运转状态,损坏时进行更换

7.3.5 焊机、焊枪

如图 7-3 所示为焊机实物及前后面板结构图。面板上器件的标号及用途升级如下。

① 电流表 —— 指示焊接电流。

② 电压表 —— 指示输出电压。

③ 过流指示灯 —— 焊机处于保护状态时亮红灯,重新开机。

④ 过温指示灯 —— 焊机处于保护状态时亮红灯,重新开机。

⑤ 电源指示灯 —— 绿灯亮指示电源正常。

⑥ 输出正级 —— 连接送丝机。

⑦ 控制电缆插座 —— 控制电缆连接焊机到机器人控制器。

⑧ 输出负级 —— 连接焊接工件。

⑨ 加热器插座 —— 连接 CO_2 气体减压流量计加热器的插座。

⑩ 电源开关。

⑪ 熔断器 —— 主控制电源(5A)。

⑫ 熔断器 —— 送丝电源(15A)。

⑬ 熔断器 —— 加热器电源(15A)。

⑭ 电源接线盒 —— 接三相电源。

⑮ 保护接地端子 —— 与大地地线连接良好。

(a)

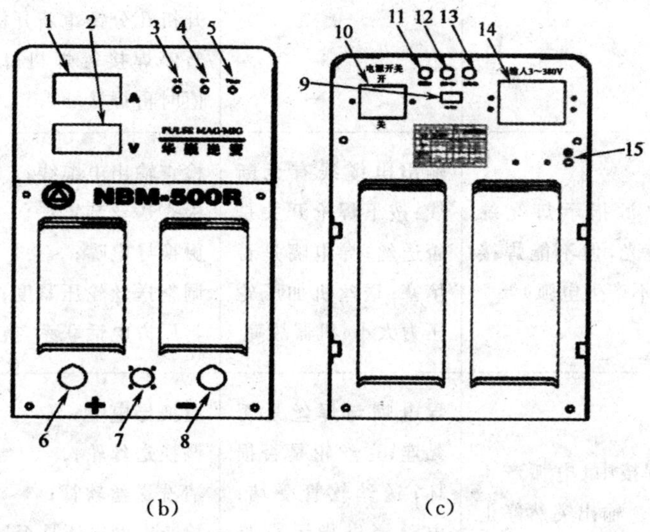

(b)　　(c)

图 7-3　焊机实物及前后面板结构图

(a) 实物图；(b) 前面板；(c) 后面板

1— 电流表；2— 电压表；3— 过流指示灯；4— 过温指示灯；5— 电源指示灯；6— 输出正级；7— 控制电缆插座；8— 输出负级；9— 加热器插座；10— 电源开关；11— 主控制电源；12— 送丝电源；13— 加热器电源；14— 电源接线盒；15— 保护接地端子

焊机的检查方法参见表 7-8。

表 7-8　焊机的检查

序号	检查内容	检查事项	方法及对策
1	电源指示灯不亮	三相电网无电或空气开关损坏； 熔断器是否熔断； 指示灯发光管损坏	维修电网更换空气开关； 更换熔断器； 更换发光管(注意极性)

续表

序号	检查内容	检查事项	方法及对策
2	警告灯 3、4 亮	过压欠压缺相过流过热	维修三相电网电压; 建议加粗电源进线加装稳压器; 使用电流应在允许值范围内; 过流后关机重新开机; 查熔断器换 10A 保险管; 开机几分钟重新开机; 暂停焊接等焊机降温至正常值时再焊接
3	电源指示灯亮绿色光,但不能焊接(不产生电弧)	输出电缆线有无断线;按下焊枪开关是否送丝;导电嘴是否堵塞;送丝机加压轮压力太小;机器故障	检查输出电缆线; 检查送丝装置; 更换导电嘴; 调整送丝轮压紧度; 与厂方电话联系,换主控板
4	焊接中(电弧产生中)输出突然停止	导电嘴与焊丝是否黏连;送丝轮是否损坏;送丝软管受堵;电源警告指示灯是否闪烁;机器故障	更换导电嘴; 调换送丝轮; 清洗送丝软管; 检查电网电压是否过流、过热; 与厂方电话联系,换主控板
5	送丝电动机不能转动	熔断器坏	更换熔断器 15A 保险管
6	送丝轮转动但不送丝	压紧轮未压紧; 焊枪导电嘴堵塞; 焊枪电缆过于弯曲	调整压力; 清洗导电嘴或更换导电嘴; 拉直焊枪电缆
7	能送丝,但送丝速度不均匀	导电嘴与焊丝直径不匹配; 送丝轮槽与焊丝直径不匹配; 送丝轮槽有垃圾; 焊枪软管有垃圾	更换导电嘴; 调整送丝轮; 清洗送丝轮; 用压缩空气清洁软管

续表

序号	检查内容	检查事项	方法及对策
8	电弧不稳定	接地线和工件之间接触不良； 送丝速度不均匀	调整电流/电压配比； 将接线与工件良好接触； 调整送丝轮压紧度，清洗焊枪软管
9	飞溅过大	电弧电压过高； 喷嘴太脏	调整电弧电压； 清洗或更换喷嘴
10	焊缝有气孔	气体流量不当； 喷嘴内飞溅物太多； 环境场所风力太大； 工件或焊丝有油污； 焊接距离太长或焊枪姿势不对	调整气流量； 清理喷嘴； 采用挡风板挡风； 清除油污或脏污； 调整焊枪与焊件距离和握枪姿势
11	焊接成型不良	焊接规范不当； 焊枪移动不规则	调整焊接规范参数； 调整姿势使焊枪移动规则

焊枪的检查方法参见表 7-9。

表 7-9　焊枪的检查

序号	检查内容	检查事项	方法及对策
1	外观	焊枪及焊枪本体外观有无损伤	目测外观有无损伤，如果有应进行紧急处理，严重时要更换零件
2	焊枪安装螺钉、焊接地线、保护接地线的松紧	焊枪安装螺钉及焊接地线、保护接地线是否紧固	紧固焊枪安装螺钉，焊接地线、保护接地线
3	绝缘件	焊枪及焊枪本体安装部位的绝缘件及送丝电动机安装部位的绝缘件是否损坏	清扫各部位，目测绝缘件是否损坏，必要时进行更换
4	飞溅及灰尘	焊枪有无飞溅及灰尘附着	清扫飞溅及灰尘

7.3.6 机器人维护常用工具

机器人维护常用工具参见表 7-10。

表 7-10 机器人维护常用工具

数量	工具名称	备注
1	活动扳手 8 ～ 19 mm	
1	内六角螺钉 5 ～ 17 mm	
1	外六星套筒编号:20 ～ 60	
1	套筒扳手组	
1	转矩扳手 10 ～ 100 N·m	
1	转矩扳手 75 ～ 400 N·m	
1	转矩扳手 1/2 的棘轮头	
2	外六角螺钉 M10 × 100	
1	外六角螺钉 M16 × 90	
1	插座头帽号 14,插座 40 mm,位线长 110 mm	
1	插座头帽号 14,插座 40 mm,位线长 20 mm	可缩短到 12 mm
1	插座头帽号 6,插座 40 mm,位线长 145 mm	
1	插座头帽号 6,插座 40 mm,位线长 220 mm	
1	双鼓铆钉钳	
1	塑料锤	

7.4 机器人保养计划

若要保证机器人长时间高效率的运转,工业机器人日常的维护和保养就显得十分重要。根据上述检查内容,参考产品手册,结合企业生产实际情况制订按时间段进行的机器人日常维护及保养计划,见表 7-11。

表 7-11　机器人日常维护及保养计划

序号	日常检查及维护	三个月检查及维护（包括日常检查及维护）	一年保养（包括日常、三个月检查及维护）
1	检查设备的外表有没有灰尘附着	检查各接线端子是否固定良好	检查控制箱内部各基板接头有无松动
2	检查外部电缆是否磨损、压损，各接头是否固定良好，有无松动	检查机器人本体的底座是否固定良好	检查内部各线有无异常情况（如各节点是否有断开的情况）
3	检查冷却风扇工作是否正常	清扫内部灰尘	检查本体内配线是否断线
4	检查各操作按钮动作是否正常	—	检查机器人的电池电压是否正常（正常为 3.6V）
5	检查机器人动作是否正常	—	检查机器人各轴电动机的制动是否正常
6	—	—	检查各轴的传动带张进度是否正常
7	—	—	给各轴减速机加机器人专用油
8	—	—	检查各设备电压是否正常

机器人的维护保养工作由操作者负责，操作者必须严格按照保养计划书保养维护好设备，每次保养必须填写保养记录。操作者应严格按照操作规程操作，在每班交接时仔细检查设备完好状况，记录好各班设备运行情况。设备发生故障时，应及时向维修人员反映设备情况，包括故障出现的时间、故障的现象，以及故障出现前操作者进行的详细操作，以便维修人员正确快速地排除故障，顺利恢复生产。

第8章　工业机器人技术的新发展

随着工业4.0时代的来临，全世界的制造企业也即将面临各种新的挑战。有些挑战已经通过日益成熟的自动化及自动化解决方案中工业机器人的使用得到了应对。在过去的生产线和组装线等工作流程中，人和工业机器人是隔离的，这一格局将有所改变。

协作型机器人作为一种新型的工业机器人，扫除了人机协作的障碍，让机器人彻底摆脱护栏或围笼的束缚，其开创性的产品性能和广泛的应用领域，为工业机器人的发展开启了新时代。

8.1　机器人的最新发展

工业机器人在传统制造业领域已经得到了广泛应用，从其从事的工种来看，包括焊接、喷涂、涂胶、堆垛、搬运、装配、检测、分拣、包装等。这些系统应用有的是具有单一功能的专机，也有的是多种功能协同的集成应用解决方案。从行业来看，工业机器人在汽车、电子、食品、医药、物流、陶瓷玻璃、塑料化工、五金制品、纺织皮革、航空航天和机床制造等行业都应有。

目前，在工业机器人实际应用过程中，呈现的新趋势有如下几个方面，其中主要表现在两个方面：人机协作和双臂。

8.1.1　机器人的发展趋势

1. 机器人操作机

通过有限元分析、模态分析及仿真设计等现代设计方法的运用，机器人操作机已实现了优化设计。以德国KUKA公司为代表的机器人公司，已将机器人并联平行四边形结构改为开链结构，拓展了机器人的工作范围，加之轻质铝合金材料的应用，大大提高了机器人的性能。

2. 控制系统

控制系统的性能进一步提高，已由过去控制标准的6轴机器人发展到现在能够控制21轴甚至27轴，并且实现了软件伺服和全数字控制。编程方式仍以示教编程为主，但在某些领域的离线编程已实现实用化。

3. 传感系统

激光传感器、视觉传感器和力传感器在机器人系统中已得到成功应用，并实现了焊缝自动跟踪和自动化生产线上物体的自动定位以及精密装配作业等，大大提高了机器人的作业性能和对环境的适应性。

4. 网络通信功能

日本YASKAWA和德国KUKA公司的最新机器人控制器已实现了与Canbus、Profibus总线及一些网络的连接，使机器人由过去的独立应用向网络化应用迈进了一大步，也使机器人由过去的专用设备向标准化设备发展。

5. 人机协作

随着“工业4.0”等制造业创新战略的推动，与工人协同工作的智能化“协同工业机器人”受到了普遍的重视。以往的工业机器人追求的是“替代工人作业，实现自动化”。但是，随着“工业4.0”以及新一代信息技术和机器人技术的进展，生产车间更需要能够进行自律化工作的“协同工业机器人”。

未来的智能工厂是人与机器和谐共处所缔造的，这就要求机器人能够与人一同协作,并与人类共同完成不同的任务。这既包括完成传统的“人干不了的、人不想干的、人干不好的”任务,又包括能够减轻人类劳动强度、提高人类生存质量的复杂任务。正因为如此,人机协作可被看作新型工业机器人的必有属性。

人机协作给未来工厂的工业生产和制造带来了根本性的变革,具有决定性的重要优势:

① 生产过程中的灵活性最大。

② 承接以前无法实现自动化且不符合人体工学的手动工序,减轻员工负担。

③ 降低受伤和感染危险,例如,使用专用的人机协作型夹持器。

④ 高质量完成可重复的流程,而无须根据类型或工件进行投资。

⑤ 采用内置的传感系统,提高生产率和设备复杂程度。

基于人机协作的优点,顺应市场需求,更加灵活的协作型机器人成为一种承担组装和提取工作的可行性方案。它可以把人和机器人各自的优势发挥到极致,让机器人更好地和工人配合,能够适应更广泛的工作挑战。

协作机器人的主要特点有:

① 轻量化。使机器人更易于控制,提高安全性。

② 友好性。保证机器人的表面和关节是光滑且平整的,无尖锐的转角或者易夹伤操作人员的缝隙。

③ 感知能力。感知周围的环境,并根据环境的变化改变自身的动作行为。

④ 人机协作。具有敏感的力反馈特性,当达到已设定的力时会立即停止,在风险评估后可不需要安装保护栏,使人和机器人能协同工作。

⑤ 编程方便。对于一些普通操作者和非技术背景的人员来说,都非常容易进行编程与调试。

6. 双臂

一般地，单臂机器人只适合于刚性工件的操作，并受制于环境。随着现代工业的发展和科学技术的进步，对于许多任务而言，单臂操作是不够的。因此，为了适应任务复杂性和系统柔顺性等要求，双臂工业机器人成为一种可行性。

在某种程度上，双臂机器人可以看作两个单臂机器人在一起工作。当把其他机器人的影响看作一个未知源的干扰的时候，其中的一个机器人就独立于另一个机器人；但双臂机器人作为一个完整的机器人系统，双臂之间存在着依赖关系。

8.1.2　新型工业机器人

1. ABB—YuMi

YuMi 是 ABB 公司首款协作机器人，如图 8-1 所示，它是专为基于机器人灵活自动化的制造行业（例如 3C 行业）而设计的。该机器人为开放结构，应用灵活，且可以与广泛的外部系统进行通信。

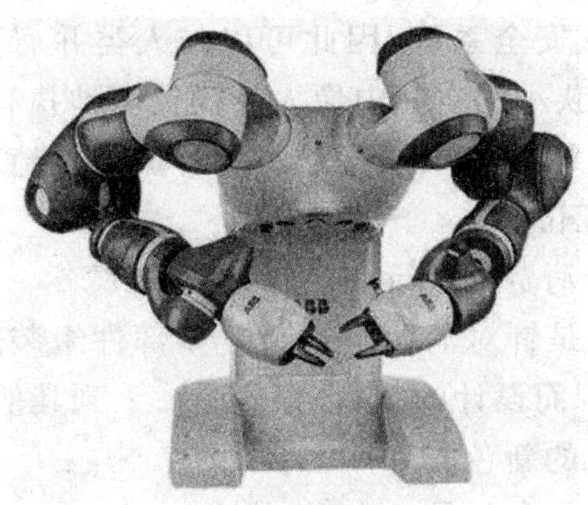

图 8-1　ABB YuMi 机器人

YuMi 机器人的特点如下。

(1) 面向小零件组装的解决方案

YuMi 是一个双 7 轴臂机器人,如图 8-2 所示,工作范围大,灵活敏捷,精确自主,主要用于小组件及元器件的组装,如机械手表的精密部件和手机、平板计算机以及台式计算机的零部件等。整个装配解决方案包括自适应的手、灵活的零部件上料机、控制力传感、视觉指导和 ABB 的监控及软件技术。

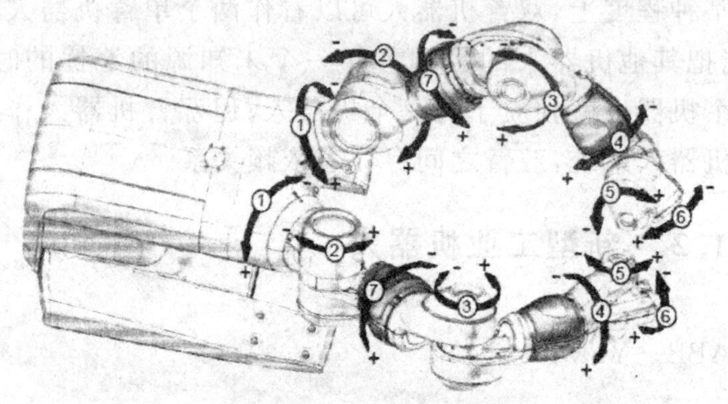

图 8-2 YuMi 的双 7 轴臂

(2) 专为人机协作设计

"YuMi" 的名字来源于英文"you"(你)和"me"(我)的组合。该机器人采用了"固有安全级" 设计,拥有软垫包裹的机械臂、力传感器和嵌入式安全系统,因此可以与人类并肩工作,没有任何障碍。它能在极狭小的空间内像人一样灵巧地执行小件装配所要求的动作,可最大限度节省厂房占用面积,还能直接装入原本为人设计的操作工位。

(3) 适用于消费电子行业

YuMi 最初是针对消费电子行业零部件组装过程中的柔性、灵活性和高精度而设计的。它也很容易渗入到其他市场。

(4) 新时代的新色彩

YuMi 的石墨白色是 ABB 机器人的新颜色。

YuMi 机器人的主要技术参数见表 8-1。

表 8-1　YuMi 机器人的主要技术参数

<table>
<tr><td colspan="4">规格</td></tr>
<tr><td>型号</td><td>工作范围</td><td>有效负荷</td><td>手臂负荷</td></tr>
<tr><td>IRB 14000</td><td>500 mm</td><td>500 g</td><td>—</td></tr>
<tr><td colspan="4">特性</td></tr>
<tr><td colspan="2">集成信号接口</td><td colspan="2">24V 以太网或 4 路信号</td></tr>
<tr><td colspan="2">集成气路接口</td><td colspan="2">手臂工具法兰(4Bar)</td></tr>
<tr><td colspan="2">重复定位精度</td><td colspan="2">±0.02 mm</td></tr>
<tr><td colspan="2">机器人安装</td><td colspan="2">台面</td></tr>
<tr><td colspan="2">防护等级</td><td colspan="2">IP30</td></tr>
<tr><td colspan="2">控制器</td><td colspan="2">集成</td></tr>
<tr><td colspan="4">运动</td></tr>
<tr><td>轴运动</td><td>运动范围</td><td colspan="2">最大速度 /[(°)·s^{-1}]</td></tr>
<tr><td>轴 1 旋转</td><td>−168.5° ～ 168.5°</td><td colspan="2">180</td></tr>
<tr><td>轴 2 手臂</td><td>−143.5° ～ 43.5°</td><td colspan="2">180</td></tr>
<tr><td>轴 3 手臂</td><td>−123.5° ～ 80.0°</td><td colspan="2">180</td></tr>
<tr><td>轴 4 手腕</td><td>−290.0° ～ 290.0°</td><td colspan="2">400</td></tr>
<tr><td>轴 5 弯曲</td><td>−88.0° ～ 138.0°</td><td colspan="2">400</td></tr>
<tr><td>轴 6 翻转</td><td>−229.0° ～ 229.0°</td><td colspan="2">400</td></tr>
<tr><td>轴 7 旋转</td><td>−168.5° ～ 168.5°</td><td colspan="2">180</td></tr>
<tr><td colspan="4">性能</td></tr>
<tr><td colspan="4">0.5 kg 拾料节拍</td></tr>
<tr><td colspan="2">25 mm × 300 mm ～ 25 mm</td><td colspan="2">0.86 s</td></tr>
<tr><td colspan="2">TCP 最大速度</td><td colspan="2">1.5 m/s</td></tr>
<tr><td colspan="2">TCP 最大加速度</td><td colspan="2">11 m/s^2</td></tr>
<tr><td colspan="2">加速时间(0 ～ 1 m/s)</td><td colspan="2">0.12 s</td></tr>
<tr><td colspan="4">物理特性</td></tr>
<tr><td colspan="2">基座尺寸</td><td colspan="2">39 mm × 496 mm</td></tr>
<tr><td colspan="2">质量</td><td colspan="2">38 kg</td></tr>
</table>

为了让 YuMi 能够更好地完成人机协作作业,ABB 为其设计了专用模块化伺服夹具,包括默认、集成一个气动模块以及集成一个气动模块和视觉模块三种。该夹具是一款多功能夹具,可以用于部件处理和组装,配有一个基本伺服模块和两个选件功能模块(气动和视觉)。3 种模块可以有 5 种不同组合,见表 8-2,用于不同场合。该夹具拥有专利浮动外壳结构,有助于在碰撞时吸收冲击力,其集成视觉系统是将相机嵌入装置内,以实现视觉引导作业。

表 8-2　模块化伺服夹具的 5 种组合

序号	组合	包括
1	伺服	1 个伺服模块
2	伺服 + 气动	1 个伺服模块 + 1 个气动模块
3	伺服 + 气动 1 + 气动 2	1 个伺服模块 + 2 个气动模块
4	伺服 + 视觉	1 个伺服模块 + 1 个视觉模块
5	伺服 + 视觉 + 气动	1 个伺服模块 + 1 个视觉模块 + 1 个气动模块

2. KUKA—LBR iiwa

LBR iiwa 是 KUKA 开发的第一款量产灵敏型机器人,也是具有人机协作能力的机器人,如图 8-3 所示。LBR 是德语“轻量级机器人”(Leichtbauroboter)的缩写,iiwa 是德语短语“具备人工智能的工业工作助手”的首字母组合。这款工业机器人的最大可搬运重量为 7 ~ 14 kg,具有 7 个轴,最大工作范围为 800 ~ 820 mm。该款机器人使用智能控制技术、高性能传感器和最先进的软件技术,可实现全新的协作型生产技术解决方案。

LBR iiwa 是一款具有突破性构造的 7 轴机器人手臂,如图 8-4 所示,其极高的灵敏度、灵活度、精确度和安全性的产品特征,使它更接近于人类的手臂,并能够与不同的机械系统组装到一起,特别适用于柔性、灵活度和精准度要求较高的行业,如电子、医药、精密仪器等工业,可满足更多工业生产中的操作需要,如图

8-5 所示。

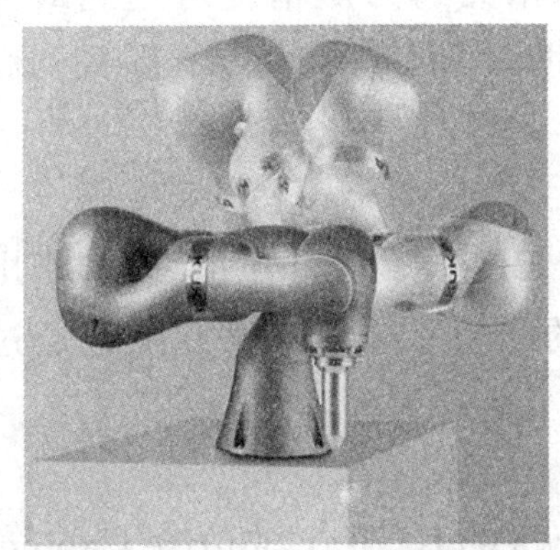
图 8-3　KUKA LBR iiwa 机器人

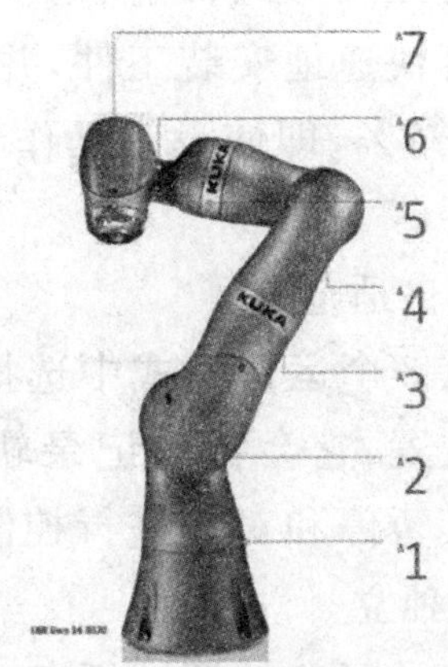

图 8-4　LBR iiwa 的 7 轴机器人手臂

图 8-5　LBR iiwa 在福特汽车公司生产线上作业

LBR iiwa 的主要特点如下。

(1) 反应快速

LBR iiwa 所有的轴都具有高性能碰撞检测功能和集成的关节力矩传感器,使其可以立即识别接触,并立即降低力和速度。它通过位置和缓冲控制来搬运敏感的工件,且没有任何会导致夹伤或剪伤的部位。

(2) 灵敏

LBR iiwa 机器人的结构采用铝制材料设计,超薄轻铝机身令其运转迅速,灵活性强。作为轻量级高性能控制装置,LBR iiwa 可以以动力控制方式快速识别轮廓。它能感测正确的安装位置,以最高精度快速地安装工件,并且与轴相关的力矩精度可达到最大力矩的±2%。即使没有操作者的帮助,LBR iiwa 也能立即找到微型的工件。

(3) 自适应

可从 3 个运行模式中选择并对 LBR iiwa 进行模拟编程,指出预期的位置,它会自动记录轨迹点的坐标,也可以很方便地通过触摸使其暂停和对其进行控制。

(4) 独立

即使是复杂的调试任务,LBR iiwa 的 KUKA Sunrise Cabinet 控制系统也能够方便快速调试。同时它还可以通过学习来完善自己的功能,操作者可以让它可靠、独立地完成不符合人体工学设计的单一作业。

可人机协作的灵敏型机器人 LBR iiwa 有两种机型可供选择,负载能力分别为 7 kg 和 14 kg。表 8-3 是 7 kg 的 LBR iiwa7 R800 机器人的主要技术参数。

LBR iiwa 7 R800 机器人的各轴运动参数见表 8-4。

LBR iiwa 机器人采用介质法兰结构,如图 8-6 所示,外部组件的拖链系统隐蔽在运动系统结构中。拖链系统有气动和电动两款。

表 8-3　LBR iiwa 7 R800 机器人的主要技术参数

型号	LBR iiwa 7 R800
工作范围	800 mm
有效负荷	7 kg
控制轴数	7
重复定位精度	±0.1 mm
质量	22.3 kg
安装位置	任意
控制器	KUKA Sunrise Cabinet

表 8-4　LBR iiwa 7 R800 机器人的各轴运动参数

轴	运动范围	最大转矩 /(N·m^{-1})	最大速度 /[(°)·s^{-1}]
A_1	±170°	176	98
A_2	±120°	176	98
A_3	±170°	110	100
A_4	±120°	110	130
A_5	±170°	110	140
A_6	±120°	40	180
A_7	±175°	40	180

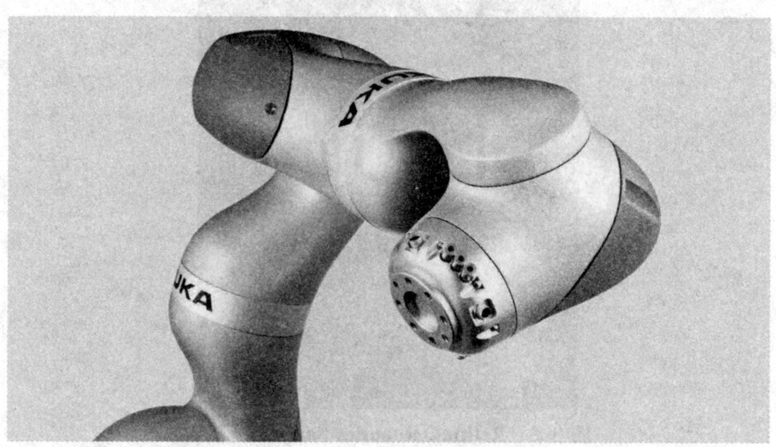

图 8-6　介质法兰

3. Rethink Robotics—Sawyer

Sawyer 是 Rethink Robotics 推出的一款革命性的高性能协作机器人，如图 8-7 所示，旨在打破传统工业机器人的局限性，实现机器操控、电路板测试以及其他高精度任务自动化。它在保持灵活性、安全性和标志性的交互式用户体验的同时，能够满足精密制造行业对更多任务高性能自动化的需求。

Sawyer 具有 7 个自由度，伸展范围达 1 260 mm，可在狭小的空间以及各种针对人类设计的工作区间内工作。Sawyer 支持顺应动作控制,即使位置略有不正,也可通过“摸索”将物体置于夹具或机器中的正确位置。这使得 Sawyer 拥有整个机器人行业中独一无二的主动适应型可重复性,能够在半结构化环境中非常精准地与人类协作者一起安全工作。Sawyer 能够适应工厂环境中存在的真实变数,可灵活快速地改变用途,并像人类一样执行任务,适用于装配、包装、卸载、机器操控、电路板测试、物料处理和 ECM 自动化等领域,如图 8-8 所示。除此之外,它还能完成人类无法完成的任务,非常适合传统自动化无法实现的高精度作业任务。

图 8-7 Rethink Robotics Sawyer 机器人

图 8-8 工作中的 Sawyer

Sawyer 的主要特点如下。

(1) 高性能

能够完成多种高速、高精度，同时又要求灵活性、安全性和顺应性的任务，例如机器操控和电路板测试。

(2) 嵌入式 Cognex 视觉

Sawyer 采用嵌入式视觉系统，包括一个用于广角视场应用的头部摄像头，以及一个可启用机器人定位系统进而完成许多其他复杂视觉任务的腕部 Cognex 摄像头。配合机器人位置定位系统可以实现机器人的实时动态定位。

(3)Intera 3 软件平台

Sawyer 采用业界最好、最直观的软件平台 Intera，且能通过定期升级不断进化和改进。它具有标志性的"脸"屏幕，表情丰富，有助于与共同工作者沟通，此外还有彻底改变机器人在工厂中部署方式的演示训练用户界面。

(4) 固有安全设计

采用功率和力度受限的柔性机械臂，带有串联弹性驱动器和内置传感器。每个关节都有高分辨率的力度传感器。

Sawyer 机器人的产品参数见表 8-5。

表 8-5　Sawyer 机器人的产品参数

质量	19 kg
自由度	7
工作范围	1 260 mm
有效负荷	4 kg
重复定位精度	±0.1 mm
防护等级	IP54
电源要求	标准 220 V 电源
使用寿命	35 000 h
操作系统	自主研发的 Intera 软件平台

为了使 Sawyer 能够更好地完成作业，可配置专用配件，如图

8-9 所示。

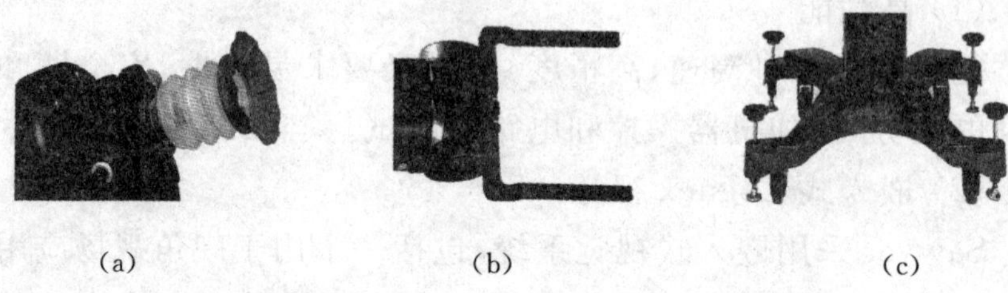

(a)　　(b)　　(c)

图 8-9　Sawyer 机器人的配件

(a) 真空吸盘夹具;(b) 电动平行爪手;(c) 移动基座

① 真空吸盘夹具。可用于抬取多种物体,尤其是光滑、无孔或平坦的物体。可以直接连接到外部供气线路。

② 电动平行爪手。

使 Sawyer 可拾取多种形状和大小的刚性及半刚性物体。配有可互换的手指和指尖以最大限度地提高灵活性。

③ 移动基座。

采用工业级脚轮的转动式移动基座选件,以便在工作站之间快速安全地移动 Sawyer。

4. Kawasaki—duAro

duAro 是 Kawasaki 公司推出的双腕 SCARA 机器人,如图 8-10 所示,这个名字是由英语单词"dual"和"robot"组合而成。它是一项专为寿命较短、自动化尚不发达领域打造的能与人共同作业的革新性产品,实现了真正的人机协作。

duAro 的主要特点如下。

(1) 节省空间

设置在同一轴上的两个手臂,如图 8-11 所示,可由一台控制器控制,且其安装空间仅为一个人所需空间。同轴双手臂的构造不仅实现了双手臂作业,也实现了两台定位机器人无法做到的两个手臂相互协调、共同完成作业的可能。

图 8-10　Kawasaki—duAro 机器人

图 8-11　duAro 机器人的双手臂

(2) 设置简便

控制器放置于设置手臂的台车内，通过移动台车即可简单地完成机器人的设置工作。与人员的协同作业选用低输出伺服电机，并且通过区域监视实现减速，使其与人员间的协同作业得以实现。除此之外，一旦机器人与作业人员发生碰撞的可能，也会通过其配置的冲突检测功能瞬间停止机器人运行。

(3) 简易示教

可通过操作人员手持机械臂进行直接动作示教作业，简易快捷，也可通过示教器或者平板计算机进行示教作业。

(4) 选件丰富

示教器和平板计算机都可与多台机器人进行连接。另外，还有视觉系统及标准抓手选件可供选择。

基于以上的特点，duAro 机器人广泛应用于装配、包装、物料搬运、配药、电子芯片检查、机器管护、材料去除和食品加工等领域，如图 8-12 所示。

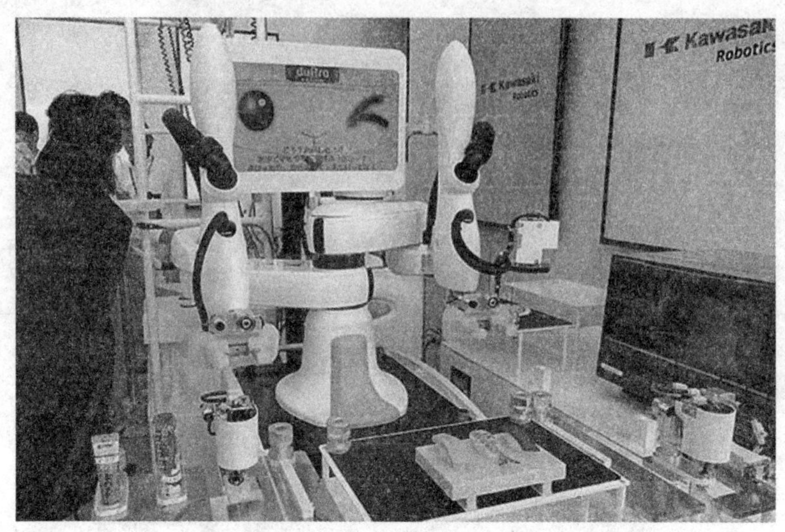

图 8-12　duAro 机器人用于食品加工

duAro 机器人的主要技术参数见表 8-6。

表 8-6　duAro 机器人的技术参数

<table>
<tr><td colspan="2">自由度</td><td>4×2 手臂</td></tr>
<tr><td colspan="2">有效负荷</td><td>2 kg(1 个手臂)</td></tr>
<tr><td colspan="2">重复定位精度</td><td>±0.05 mm</td></tr>
<tr><td colspan="2">控制轴数</td><td>最大 12 轴</td></tr>
<tr><td colspan="2">驱动方式</td><td>全数字伺服系统</td></tr>
<tr><td rowspan="2">运动模式</td><td>示教模式</td><td>双手臂协调运动、各手臂单独运动；关节坐标系、基础坐标系、工具坐标系</td></tr>
<tr><td>再现模式</td><td>双手臂协调插补、各手臂单独插补；关节插补、直线插补</td></tr>
<tr><td colspan="2">示教方式</td><td>直接示教、平板电脑简单示教</td></tr>
<tr><td colspan="2">存储容量</td><td>4 MB</td></tr>
<tr><td rowspan="2">I/O 信号</td><td>通用输入（点）</td><td>NPN 规格：12(最大 28)
PNP 规格：6(最大 16)
Cubi-S 规格：6(最大 16)</td></tr>
<tr><td>通用输出（点）</td><td>NPN 规格：4(最大 12)
PNP 规格：10(最大 24)
Cubi-S 规格：0(最大 14)</td></tr>
</table>

续表

电源规格		AC 200 ～ 240 V±10%、50 Hz/60 Hz±2%、单相、最大 2.0 kV·A
		D 种接地(机器人专用接地)、最大漏电电流 10 mA 以下
本体质量		约 200 kg
安装方式		地面式
安装环境	环境温度	5 ～ 40℃
	相对湿度	35% ～ 85%(无结露)

duAro 机器人的动作范围见表 8-7。

表 8-7　duAro 机器人的动作范围

动作	下手臂	上手臂
手臂旋转	－170° ～＋170°(JTl)	－140° ～＋500°(JT5)
手臂旋转	－140° ～＋140°(JT2)	－140° ～＋140°(JT6)
手臂上下	0 ～ 150 mm(JT3)	0 ～ 150 mm(JT7)
手腕回转	－360° ～＋360°(JT4)	－360° ～＋360°(JT8)

对于视觉系统选件，其所有视觉设备都可以被嵌入在或被附加到 duAro 机器人上，不需要移动本体进行任何的重新布线。视觉处理软件嵌入在控制器内，而相机可以很容易安装在手臂末端，如图 8-13 所示。配置了视觉系统，duAro 机器人的校正装置能够快速校正机器人的位置信息。

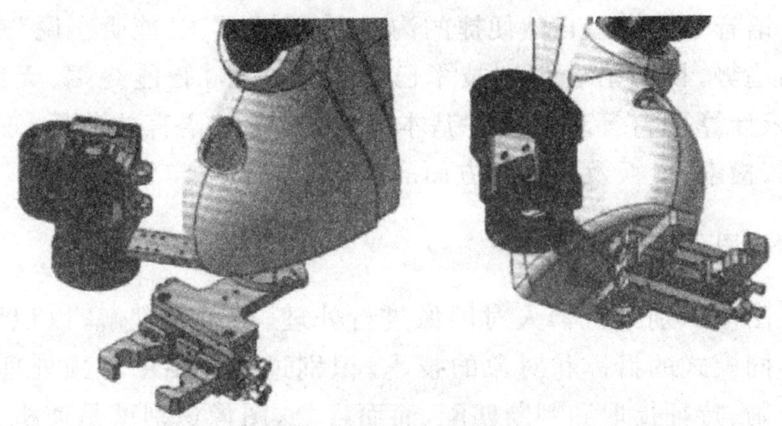

图 8-13　相机放置位置

8.2 智能机器人技术

8.2.1 智能机器人的关键技术

智能机器人是第三代机器人,这种机器人带有多种传感器,能够将多种传感器得到的信息进行融合,能够有效地适应变化的环境,具有很强的自适应能力、学习能力和自治功能。

智能机器人实现特定功能有三个步骤:感知、处理和执行,这三个步骤是由智能机器人的硬件系统和软件系统共同协作完成的。软件系统是机器人人工智能技术的主要载体,也是智能机器人的核心。

具体而言,机器人中需要用到的人工智能技术包括:语音识别、图像识别、生物特征识别、传感器技术、智能控制技术等。

1. 语音识别

人机交互必然将向人类最自然的语言沟通模式发展,因此,语音交互技术具备极高的潜在价值,已经逐步融入各项互联网应用中。

语音是人类最自然便捷的沟通方式,机器人"能听会说"是必然的趋势。目前语音识别技术已经逐渐成熟,智能终端、无线网络、云计算平台等环境条件基本完备,对自然语言的分析、理解、生成、检索、变换及翻译等方面的技术手段日益丰富。

2. 图像识别

图像识别指机器人对图像进行处理、分析和理解,以识别各种不同模式的目标和对象的技术。识别过程包括图像预处理、图像分割、特征提取和判断匹配。简而言之,图像识别就是使机器人像人一样读懂图片的内容。借助图像识别技术,我们不仅可以通过图片搜索更快地获取信息，还可以产生一种新的与外部世界交互的方式，甚至会让外部世界更加智能地运行。

3. 生物特征识别

生物识别技术是迄今为止最为方便与安全的识别技术。因为它不需要使用者牢记复杂的密码，也不需要使用者随身携带钥匙。由于每个人的生物特征具有与其他人不同的唯一性和在一定时期内不变的稳定性，不易伪造和仿冒，因此利用生物识别技术进行身份认定较为安全、可靠、准确。

(1) 人脸识别

人脸识别(Face Recognition)，是指收集一个场景的静态图像或动态视频，利用"注册有若干身份已知的人脸图像库"验证和识别场景中单个或者多个人的身份。人脸识别因其非接触、非侵犯和无排斥性成为最友好的生物特征身份认证技术，被广泛应用于安全访问控制、视觉检测、基于内容的检索和新一代人机界面等领域。

(2) 声纹识别

声纹识别(Voiceprint Recognition)也被称为说话人识别(Speaker Recognition)，通常分为两类，即说话人辨别(Speaker Identification)和说话人确认(Speaker Verification)。前者用以判断某段语音是若干说话人中的哪一个所说的，是"多选一"问题；而后者用以确认某段语音是否是指定的某个说话人所说的，是"一对一判别"问题。不同的任务和应用会使用不同的声纹识别技术，如缩小刑侦范围时可能需要辨别技术，而银行交易时则需要确认技术。不管是辨别还是确认，都需要预先对说话人的声纹进行建模，这就是所谓的"训练"或"学习"过程。

4. 传感器技术

重力传感器、语音传感器、图像传感器等遍布机器人身体各部位的传感器能够采集大量的数据监测信息。由于这些数据具有时间与空间属性,因此可以将机器人的现实活动反映于网络虚拟空间,进而将这些信息进行汇集,通过数据分析,便能够指导机器人的下一步行动。

传感器作为机器人的智能感官,在计算测量方面发挥着重要作用,在未来机器人上应用的传感器与传统的物联网传感器也有着不同的要求。

(1) 轻量化、小型化

由于受到机器人自身“身高”和“体重”的限制,嵌入机器人身体之内的传感器要求尽量轻量化、小型化。

(2) 低耗电量

机器人并不是像台式计算机那样插着电源工作,而是需要依靠电池驱动的。所以,为了延长工作时间,低耗电量也是传感器必须考虑的条件之一。

(3) 实时性

实时性主要是指从传感器获取信息,实时探测机器人的动作和环境的变化。一旦感知数据和控制对象发生变化,则需要及时作出相应的调整。

(4) 结合执行器扩大感知能力

机器人都具备执行器。因此,通过执行器,积极调整传感器状态,才能扩大感知能力。

(5) 抗环境干扰能力

人类的生活环境对于机器人来说是复杂的,不像工厂那样有着恒温、恒湿等固定环境。这就需要机器人能够适应不可预见的光线、噪声和温度变化等复杂环境因素,也要求传感器即便是在噪声环境中,也能不受干扰,正确执行工作。

5. 智能控制技术

智能控制是具有智能信息处理、智能信息反馈和智能控制决策的控制方式,是控制理论发展的高级阶段,主要用来解决那些用传统方法难以解决的复杂系统的控制问题。

随着机器人技术的不断发展，智能机器人的应用范围和功能都将大为拓展和提高，不仅在工业、国防、服务等行业中得到广泛应用，而且在野外以及在有害与危险环境作业、极限作业、家庭服务和空间领域中的应用也得到了世界各国的高度重视。智能控制领域的核心是人工智能，目前数十年的人工智能技术发展仍然处于初级阶段，是简单可控的，但是其发展速度与人类数百万年的智慧进化史相比又是非同寻常的，因此人们有理由担心未来人工智能的发展会超出人类控制的范畴，而没必要专注于机器人技术的应用风险。

总而言之，目前这些关键技术中主要制约机器人普及运用的技术是传感器技术和智能控制技术，可以预见，21 世纪随着这两方面技术的突破，机器人也会像计算机在可视化操作系统问世后迅速普及那样进入人类工作生活的各个层面。

8.2.2　智能机器人的应用

现代智能机器人基本能按人的指令完成各种复杂的工作，如深海探测、作战、侦察、搜集情报、抢险、服务等工作，在不同领域有着广泛的应用。

图 8-14 所示的水下机器人，可以用于进行海洋科学研究、海上石油开发、海底矿藏勘探、海底打捞救生等。

图 8-14　水下机器人

空中机器人可以用于通信、气象、灾害监测、农业、地质、交通、广播电视等方面，一直是先进机器人的重要研究领域，如图 8-15 所示。

图 8-15　空中机器人

地下机器人主要包括采掘机器人和地下管道检修机器人两大类，图 8-16 所示的为一款地下机器人。对此类机器人的主要研究内容为：机械结构、行走系统、传感器及定位系统、控制系统、通信及遥控技术。

图 8-16　地下机器人

在建筑方面，有高层建筑抹灰机器人、预制件安装机器人、室内装修机器人、擦玻璃机器人、地面抛光机器人等，并已实际应用，图 8-17 所示的为一款建筑机器人正攀缘在墙壁上。

图 8-17　建筑机器人

在未来的军事智能机器人中，还会有智能战斗机器人、智能侦察机器人、智能警戒机器人、智能工兵机器人、智能运输机器人等，成为国防装备中新的亮点，如图 8-18 所示的一款军用机器人。

图 8-18　军用机器人

8.3　网络机器人技术

8.3.1　基于网络的遥操作技术

遥操作系统允许操作者通过主从机器人来实现对远程设备

的控制。基于网络的机器人技术被提出后,首先被应用到遥操作领域。根据控制系统性能和技术的先进性,遥操作机器人控制技术研究现状与发展可分为如下几个阶段:

1.手工闭环控制

这是最早且研究最多的一种遥操作形式,其中操作者是手动闭环控制的核心部分。这一早期的遥操作技术主要应用于在危险环境下进行操作的设备中,如核工业设备,水下遥控操作设备和空间设备。但通信的明显滞后、不稳定性和手动闭环控制是其主要缺点。

2.共享或监管控制

采取该控制方式是为了实现本地控制回路和远程遥控操作者对机器人的控制共享。对于本地控制回路来说,其主要用来实现机器人的基本功能,而远程遥控操作者,主要进行监控系统以及处理突发事件。此控制技术增强了设备的可操作性,改善了系统的不稳定性。但昂贵的、为单一目的建设的操作站是其致命的缺点。通信的专用性也限制了普通网络用户的访问,使得这一技术只能应用于固定的专业领域中。

3.基于万维网的遥操作机器人

万维网遥控机器人这一概念还处于雏形阶段。它通过基于因特网的Web浏览器来控制远程机器人和设备。这就需要先进的网络监控机制来避免系统的不稳定并支持网络多用户访问。这一技术的提出开创了一个崭新的研究领域,使遥操作技术的应用走向网络化和全球化。

8.3.2 基于网络的自主移动机器人控制技术

使用万维网作为机器人远程控制的基础构架使得在仅使用标准HTML接口的情况下给网络用户提供访问变得易于实施。

因此可应用网络技术进一步扩展自主移动机器人的控制手段，使其控制不再受空间和地域的限制。

Carnegie Mellon 大学研发的机器人 Xaiver，作为首个基于网络实现办公环境控制的自主移动机器人，能够实现在线或离线接受命令同时在运行时段中执行。在任务结束后，以电子邮件的方式提醒用户。该机器人依靠 Client-pull 和 Server-push 技术实现网络界面的图像获取。

当网络通信出现拥塞而导致传输速率下降时，机器人控制系统本身应能够相应降低控制精度，暂缓非紧急任务，从而降低网络通信的负载。

参考文献

[1]刘军.工业机器人技术及应用[M].北京:电子工业出版社,2017.

[2]张建国.工业机器人操作与编程技术[M].北京:机械工业出版社,2017.

[3]黄风.工业机器人与自控系统的集成应用[M].北京:化学工业出版社,2017.

[4]韩鸿鸾.工业机器人工作站系统集成与应用[M].北京:化学工业出版社,2017.

[5]杨杰忠,王振华,朱利平.工业机器人技术基础[M].北京:电子工业出版社,2017.

[6]李瑞峰.工业机器人设计与应用[M].哈尔滨:哈尔滨工业大学出版社,2017.

[7]陈渌漪,陈彬.工业机器人技术应用[M].北京:机械工业出版社,2017.

[8]佘明洪.工业机器人操作与编程[M].北京:机械工业出版社,2017.

[9]张明文.工业机器人技术基础及应用[M].哈尔滨:哈尔滨工业大学出版社,2017.

[10]杨杰忠.工业机器人技术及其应用[M].北京:机械工业出版社,2017.

[11]刘小波.工业机器人技术基础[M].北京:机械工业出版社,2016.

[12]李俊文,钟奇.工业机器人基础[M].广州:华南理工大学出版社,2016.

[13]龚仲华.工业机器人从入门到应用[M].北京:机械工业出版社,2016.

[14]何成平,董诗绘.工业机器人操作与编程技术[M].北京:机械工业出版社,2016.

[15]王喜文.工业机器人2.0:智能制造时代的主力军[M].北京:机械工业出版社,2016.

[16]邢美峰.工业机器人电气控制与维修[M].北京:电子工业出版社,2016.

[17]王东署,朱训林.工业机器人技术与应用[M].北京:中国电力出版社,2016.

[18]郝巧梅.工业机器人技术[M].北京:电子工业出版社,2016.

[19]吕世霞,周宇,沈玲.工业机器人现场操作与编程[M].武汉:华中科技大学出版社,2016.

[20]张爱红.工业机器人应用与编程技术[M].北京:电子工业出版社,2015.

[21]韩建海.工业机器人[M].3版.武汉:华中科技大学出版社,2015.

[22]滕宏春.工业机器人与机械手[M].北京:电子工业出版社,2015.

[23]张宪民,杨丽新,黄岩浆.工业机器人应用基础[M].北京:机械工业出版社,2015.

[24]王茂森,戴劲松,祁艳飞.智能机器人技术[M].北京:国防工业出版社,2015.

[25]汪励,陈小艳.工业机器人工作站系统集成[M].北京:机械工业出版社,2014.

[26]李阳.工业机器人工作站维护保养[M].北京:机械工业出版社,2013.

[27]李素云,唐先进.苹果采摘机器人的研究现状、进展与分析[J].装备制造技术,2016(1):185－186＋192.

[28]王田苗,陶永. 我国工业机器人技术现状与产业化发展战略[J]. 机械工程学报,2014,50(9):1－13.

[29]赵杰. 我国工业机器人发展现状与面临的挑战[J]. 航空制造技术,2012,(12):26－29.

[30]曹克刚. 工业机器人技术的应用及未来发展[J]. 黑龙江科学,2017,8(2):26－27.

[31]宁言军. 我国工业机器人技术现状与产业化发展战略[J]. 南方农机,2016,47(4):85＋88.

[32]杨桂林. 工业机器人运用技术[J]. 中国科学院院刊,2015,30(6):785－792.

[33]骆敏舟,方健,赵江海. 工业机器人的技术发展及其应用[J]. 机械制造与自动化,2015,44(1):1－4.

[34]王雷. 工业机器人在冲压自动化生产线中的设计与应用[J]. 电子技术与软件工程,2017(18):139.

[35]黄文俊. 浅谈工业机器人的技术发展与应用[J]. 科技资讯,2017,15(10):110－111.

[36]王田苗,陶永. 我国工业机器人技术现状与产业化发展战略[J]. 机械工程学报,2014,50(9):1－13.

[37]蔡自兴,郭璠. 中国工业机器人发展的若干问题[J]. 机器人技术与应用,2013(3):9－12.

[38]李倩文,晏敬东. 全球工业机器人产业发展现状与趋势分析[J]. 科技创业月刊,2016,29(5):21－23.

[39]任志刚. 工业机器人的发展现状及发展趋势[J]. 装备制造技术,2015(3):166－168.

[40]高亚军. 六自由度机器人平滑轨迹规划与控仿一体化系统研究[D]. 浙江工业大学,2014.

[41]吴学礼,刘浩南,许晴. 机器人手臂控制系统的设计与研究[J]. 河北科技大学学报,2014,35(4):361－365.

[42]杨帅,邹智慧. 多自由度工业机器人运动控制系统的研究[J]. 制造业自动化,2013,35(10):117－121.

[43]陈健.面向动态性能的工业机器人控制技术研究[D].哈尔滨工业大学,2015.

[44]黄兴,何文杰,符远翔.工业机器人精密减速器综述[J].机床与液压,2015,43(13):1-6.

[45]计时鸣,黄希欢.工业机器人技术的发展与应用综述[J].机电工程,2015,32(1):1-13.

[46]张文化.视觉系统在工业机器人集成系统中的应用[J].价值工程,2016,35(27):164-167.

[47]王雪洁,张良安.基于感性需求的7自由度工业机器人造型设计研究[J].机械设计,2017,34(7):114-118.

[48]田双太.一种可穿戴机器人的多传感器感知系统研究[D].中国科学技术大学,2011.

[49]王韬.基于移动机器人的环境智能感知技术研究[D].中国工程物理研究院,2014.

[50]陈立松.工业机器人视觉引导关键技术的研究[D].合肥工业大学,2013.

[51]李海龙.基于视觉/力传感器的机器人柔顺装配技术研究[D].燕山大学,2014.

[52]李金良,孙友霞,谷明霞,等.基于多传感器融合的移动机器人SLAM[J].中国科技论文,2012,7(4):312-316.

[53]宋鹏飞,和瑞林,苗金钟,等.基于Solidworks的工业机器人离线编程系统[J].制造业自动化,2013,35(9):1-4.

[54]曹金学.工业点焊机器人离线编程软件的国产化开发及应用[J].计算机应用与软件,2011,28(12):99-101.

[55]张轲,谢好,朱晓鹏.工业机器人编程技术及发展趋势[J].金属加工(热加工),2015(12):16-19.

[56]施文龙.六轴工业机器人控制系统的研究与实现[D].武汉科技大学,2015.

[57]刘建平,秦现生,白晶,等.基于PMAC的六自由度关节工业机器人码垛控制系统[J].机械与电子,2013(12):63-66.

[58]倪自强,王田苗,刘达.基于视觉引导的工业机器人示教编程系统[J].北京航空航天大学学报,2016,42(3):562－568.

[59]赵晓飞.工业机器人三维柔性加工离线编程技术研究[D].北京石油化工学院,2015.

[60]孟国军.工业机器人离线编程系统关键技术的研究[D].华中科技大学,2011.

[61]高慧,邓世凯.工业机器人离线编程技术发展研究[J].无线互联科技,2017(9):106－107.

[62]金自立.工业机器人的离线编程和虚拟仿真技术[J].机器人技术与应用,2015(6):44－46.

[63]徐祥.机器人离线编程系统模块化平台的设计与实现[D].东南大学,2016.

[64]魏志丽,宋智广,郭瑞军.工业机器人离线编程商业软件系统综述[J].机械制造与自动化,2016,45(6):180－183.

[65]尚传妮.焊接机器人离线编程及仿真作业系统研究[D].山东大学,2017.

[66]孟国军.工业机器人离线编程系统关键技术的研究[D].华中科技大学,2011.

[67]赵燕伟,钟允晖,陈建,等.基于UG加工信息的工业机器人离线编程[J].机械设计与制造工程,2013,42(2):40－44.

[68]管菊花,邓艳菲.基于Robot Studio焊接工业机器人虚拟工作站[J].南方农机,2017,48(13):122－124.

[69]刘海涛,张铁.高精度机器人控制系统研究[J].机械设计与制造,2014(1):161－163＋167.

[70]施文龙,闵华松.工业机器人运动控制系统的设计与实现[J].自动化与仪表,2015,30(5):37－41.

[71]周晓风.工业机器人生产线仿真系统设计及其关键技术研究[D].东北大学,2013.

[72]夏生健.工业机器人焊接生产线的设计及研究[D].东南大学,2016.

[73]杨立山，张昊，王驰. 工业焊接机器人技术的发展分析[J]. 科技风，2017(5)：17.

[74]彭园，张华，叶艳辉，等. 移动焊接机器人控制系统设计[J]. 热加工工艺，2015，44(5)：172－174.

[75]高明晶. 应用于地铁车辆车身制造的焊接机器人控制系统改进[D]. 中国海洋大学，2014.

[76]陈海秀，戴栋，王海俊. 新型机器人控制器在焊接系统中的应用[J]. 吉林大学学报(信息科学版)，2012，30(4)：372－375.

[77]陈海初，曹泉，熊根良，等. 可编程焊接机器人示教系统的设计与实现[J]. 热加工工艺，2016，45(19)：179－182.

[78]石林. 焊接机器人系统集成应用发展现状与趋势[J]. 机器人技术与应用，2016(6)：17－21.

[79]叶艳辉，张华，潘际銮，等. 大型构件水下焊接机器人系统[J]. 焊接学报，2015，36(11)：41－44＋115.

[80]徐航宇. 仓储搬运机器人控制系统设计与实现[D]. 南京理工大学，2017.

[81]陈浩然. 某生产线搬运机器人伺服控制系统研究[D]. 南京理工大学，2016.

[82]毛丽. 码垛搬运机器人机构设计与仿真[D]. 南京林业大学，2014.

[83]蒋嵘，吴晨曦，蒋峥，等. 一种智能寻迹与搬运机器人的控制系统设计[J]. 计算机测量与控制，2015，23(4)：1209－1211.

[84]王佑兵. 传感器在机器人自动码垛系统中的应用[J]. 化工自动化及仪表，2015，42(9)：1062－1064.

[85]刘小勇，马众园，智能多工业机器人搬运生产线的仿真与实现[J]. 工业控制计算机，2017，30(6)：19－20.

[86]高云萌，赵增强，房晶晶. 针对大型圆筒形工件的喷漆机器人应用工程[J]. 制造业自动化，2010，32(11)：97－99.

[87]刘传辉. 汽车涂装机器人的改进研究[D]. 吉林农业大

学，2016.

[88]汤宇洋.涂装机器人喷涂模型与离线编程关键技术研究[D].江苏大学，2016.

[89]陶林.基于手势识别的装配机器人控制系统研发[D].广东工业大学，2016.

[90]陈揆能.空调装配自动化生产线工艺研究及系统设计[D].广东工业大学，2015.

[91]王哲禄.基于工业机器人的极板搬运工作站的设计与实现[J].科技视界，2016(4)：218－219.

[92]殷邦革，王文川，徐大飞.工业机器人的维修与保养浅析[J].科技创新与应用，2017(15)：114.

[93]冯帆.浅谈工业机器人应用与维护技术[J].科技风，2015(13)：95.

[94]曾祥丹.工业机器人故障诊断技术的发展趋势[J].科技风，2017(8)：10＋15.

[95]王田苗，陈殿生，陶永，等.改变世界的智能机器——智能机器人发展思考[J].科技导报，2015，33(21)：16－22.

[96]金耀青，姜永权，谭炳元.智能机器人现状及发展趋势[J].电脑与电信，2017(5)：27－28＋34.

[97]任福继，孙晓.智能机器人的现状及发展[J].科技导报，2015，33(21)：32－38.

[98]钱桂名.智能移动机器人控制系统[J].南方农机，2016，47(1)：55.

[99]王晓芳.智能机器人的现状、应用及其发展趋势[J].科技视界，2015(33)：98－99.

[100]卞甘甜.智能服务型机器人外观包装研发与实现[J].中国包装工业，2016(4)：65.

[101]王文凭，李天培，冯根生.一种智能搬运机器人的设计与实现[J].计算机测量与控制，2011，19(02)：395－398.

[102]孙梅梅.智能移动机器人的技术现状及展望[J].电子

技术与软件程序,2017(10):93.

[103]王骥,谢仕义,钱建东,等.基于网络机器人的远程室内安防新方法[J].电子器件,2017,40(1):199-206.